国际气候规范传播中的策略研究

谢婷婷 … 著

U0209596

天津出版传媒集团

天津人民出版社

图书在版编目（CIP）数据

国际气候规范传播中的策略研究 / 谢婷婷著. -- 天
津：天津人民出版社，2023.8
ISBN 978-7-201-19303-8

Ⅰ.①国… Ⅱ.①谢… Ⅲ.①气候变化—国际问题—
研究 Ⅳ.①P467

中国国家版本馆CIP数据核字(2023)第064605号

国际气候规范传播中的策略研究
GUOJI QIHOU GUIFAN CHUANBO ZHONG DE CELÜE YANJIU

出　　版	天津人民出版社	
出 版 人	刘　庆	
地　　址	天津市和平区西康路35号康岳大厦	
邮政编码	300051	
邮购电话	(022)23332469	
电子信箱	reader@tjrmcbs.com	

责任编辑	王　玪
封面设计	汤　磊

印　　刷	北京虎彩文化传播有限公司
经　　销	新华书店
开　　本	710毫米×1000毫米　1/16
印　　张	14.75
字　　数	210千字
版次印次	2023年8月第1版　　2023年8月第1次印刷
定　　价	89.00元

前　言

一、研究缘起和研究价值

作为全球第一大温室气体排放国和能对世界其他国家产生"示范效应"的大国,美国的参与对《联合国气候框架公约》《京都议定书》目标的达成和实现有效的全球气候治理具有至关重要的作用。从美国作为全球第一大温室气体排放国所应承担的责任、美国所拥有的削减温室气体排放的能力,以及美国作为领导性大国在国际社会中的号召作用出发,美国退出《京都议定书》的举动都严重影响了解决全球气候变化问题的进程,对国际气候规范的削弱作用是非常明显的,这也正是国际社会对美国这个决策指责不断的原因。全球气候变化对全球生态系统产生的破坏和持续的影响,国际社会对此是存在共识的,如何解决气候变化问题是各国包括美国在内都十分关注的问题。美国退出《京都议定书》带来了种种后果,如国际气候规范合法性的减弱、议定书目标实现遭到质疑等,对全球气候变化问题的解决是重大的打击。尽管最后《京都议定书》达到了生效标准,全球气候变化进程也在向前迈进,但是缺少美国的参与仍旧是对这个问题解决的重大阻碍。进一步说,除了气候问题,我们现在面临着越来越多的全球性问题,各国如何通过达成一个共识来进行协作是21世纪面临的共同问题。因此,通过分析美国对《京都议定书》的政策变化,不仅可以深入了解国家对外决策的影响因素,也能够进一步为全球气候变化进程的推动以及解决其他全球性问题提供有益的启示和建议。

从理论角度来说,对美国与国际气候规范之间的互动进行研究能够进一步辨析规范传播中的作用机制。规范传播的研究中存在着一种"成功"偏见,即通常倾向于研究那些成功传播、起到作用的规范为什么能够得以传播。然而为了了解规范是如何运行的,必须全面研究和分析成功或失败、存在和消失的规范。现有规范传播的研究倾向于忽视那些本该有影响但是没有起作用的规则、原则、禁令和协议。①无法扩散至某些地区或国家的国际规范,即便得到普遍接受,也值得深入探究其无法被某些地区和国家接受的原因为何。规范传播的研究一直注重分析那些成功传播到原本不认可该规范或者国内存在阻碍的国家或地区的案例,探讨成功原因为何,却往往忽视了本应该接受该规范却没有接受的国家或地区。从美国退出《京都议定书》的案例来说,本应该参与甚至积极主导国际气候规范的传播进程的美国,最终竟然选择背弃这个得到国际社会普遍认可的协议,本身就很值得耐人寻味。

二、主要内容

本书研究行为体在规范传播的语言实践活动中的策略选择,并引入"策略"概念对行为体的能动性进行深入探讨,选取了美国选择退出《京都议定书》的案例,把研究层次回落至国家内部的政治进程和规范竞争之中,试图打破国家作为理性、单一行为体的黑匣子。主要分六章:第一章导论,提出研究的问题、意义及前提假定。第二章文献回顾与语言实践本体分析,在梳理已有研究成果的同时阐明现有理论研究不足以解释本书所研究的问题,并指出本书的创新点在于规范传播研究中的行为体所采取的"策略"。第三章语言实践中的策略选择,辨析合理性与合法性两个概念,并根据语言实践的效力将策略分为权威联盟、语言框定和焦点转移三类,进而创建了"策

---

① Jeffrey W. Legro, "Which norms matter? Revisiting the 'failure' of internationalism", *International Organization*, Vol. 51, No. 1, Winter, 1997, p. 34.

略选择影响规范传播效果"这一分析框架。第四章分析美国退出《京都议定书》的国际和国内背景,阐明国际社会对国际气候规范的广泛共识,确定美国国内对国际气候规范的不同利益行为体,特别是反对者的利益诉求。第五章利用数据资料,具体分析在国际和国内大环境都有利于国际气候规范传播的背景下,反对气候规范的国内挑战者如何运用策略成功改变规范传播。第六章为研究结论,并对发展近况和可能存在的不足进行了分析。

(一)主要观点

从国际关系研究领域的前沿和趋势来看,体系层面的研究创新不多,从中层和个体乃至微观层面对国际关系的现状进行分析、解释和预测,不仅更为符合复杂变化的世界政治现实,也更能够激发创新性的思考,研究成果也更贴近国家政策制定的需求。如果从规范竞争的视角进行分析,那么参与规范传播进程的行为体显然不只是规范的倡导者,支持和反对该规范的行为体也都可能会参与到过程中,影响着规范传播的结果。本书选取了国际关系中的两个案例,一个是"失败"案例,另一个是"阶段性成功后走向失败"的案例,即美国作为最初的国际气候规范倡导者却最终退出《京都议定书》,成为国际气候规范少有的"隐形法外国家"①。这个案例所发生的体系背景前后并无变化,国际体系和规范体系都是比较稳定一致的,但是国家的对外政策上发生了重大改变,因此排除体系层次的原因,有必要回落到国家层次。通过对国内政治进程进行过程追踪和分析,笔者对此问题进行研究得出的结论是:美国国内反对气候规范的政治联盟所采取的策略

①显性法外国家,是指那些在国际关系中赤裸裸地违反既定国际法规则的国家。隐性法外国家的认定主要基于两类行为:一是违背国际法的基本原则和有关的国际法规则,通过国际话语霸权和国际机制来主导次级法律规则的产生和发展;二是基于国际法实施机制的脆弱性,通过法律的解释来恶意歪曲既定的国际法规范。这两种行为的目的都在于推行霸权主义和强权政治。例如,和平利用外层空间是外层空间法的基本原则,大多数国家将"为和平目的利用外空"解释为"非军事化",而美国和苏联则将其解释为"禁止侵略",并以保护空间民用设施为由发展太空武器,使"和平利用外空"成为一句空话。

有效地阻止了气候规范在美国国内的传播,使得国内公众在接受气候规范合理性基础上却拒绝了气候规范的国内合法性。[①]本成果的分析表明,行为体在语言实践中的策略与规范传播的效果有着密切的关联性。因此,未来的研究应更多地关注行为体的能动性。

在国内进程的层次研究上,笔者将层次分析进一步细化到了行为体的语言实践及其所采取的策略,是比地区和国家层次更为微观的个体层次,认为上述所谓"力"的决定性因素是行为体的"策略",是行为体的实践策略决定了国内规范性争论的结果,决定了国际规范能否获得国内合法性,从而实现规范的传播。当然,并不是说笔者在这个问题上的研究具有权威性的结论,而是提供了学术研究的一个思考范例。在国际关系理论的研究领域,三大主流体系理论的研究日臻成熟,但是并不代表学术研究已经完成,创新的生长点仍然存在。本书通过对建构主义的规范研究现状进行梳理,在分析和介绍学者的前期创新成果和思考逻辑的基础上,试图寻找学术创新的方法。亦通过笔者在研究过程中的思考成果,对如何通过不同的研究层次分析寻找创新点提供一个可循例参考的范例。

(二)研究方法

本书采用案例分析的方法,通过对比案例研究,选取了国际关系现实中的两个最不可能案例来验证理论假设。在具体研究方法上,由于本书的理论假设集中于行为体语言实践中的策略选择,过程追踪法可以较好地对具体实践进行分析和研究。由于受到富布莱特中美联合培养博士生项目的资助,本人有幸在本书写作阶段于美国埃默里大学访学一年,能够便利地接触到美国社会、政治环境,并与美国相关领域学者交流,也有机会接触美国公众,获知他们对气候问题的直接感受。另外,埃默里大学图书馆数据库中的数据资料是很重要的一个数据来源:案例中的数据和资料分析将

---

①谢婷婷:《行为体策略与规范传播——以美国退出〈京都议定书〉为例》,《当代亚太》2011年第5期;谢婷婷:《语言实践、策略与规范传播——以美国退出〈京都议定书〉为例》,外交学院博士论文,2012年。

大量收集和采用来自新闻媒体的数据资料，主要使用了范德比尔特电视新闻档案数据库（Vanderbilt Television News Archive）中的数据资料；针对国内公众所开展的民意调查及其结果数据将会是对气候规范在美国国内合法性基础的重要分析资料和数据，此类数据主要采用了洛普民意研究中心（The Roper Center for Public Opinion Research）档案库中的数据资料。

（三）理论创新

主要创新点有三个。一是结合实践转向和语言建构主义的前沿理论研究，通过把语言和实践进行有机结合，试图解决实践理论和语言研究各自存在的不足，把语言实践作为规范传播的自变量，研究行为体的能动性。二是国际规范向国内传播的过程中，不仅受到国内规范结构的影响，也会受到参与规范传播的行为体在语言实践中所采取的策略的影响，规范传播的进程也由此发生变化。三是通过分离和辨析规范的合理性与合法性两者之间的关系，分析本书所提出的核心变量"策略"如何在规范合理性和合法性基础上进行运作，改变规范传播进程，进一步验证了行为体作为主体的能动性。

（四）存在问题和需要改进之处

语言实践中的策略选择在具体实践中往往与国家的国内社会制度（包括经济、政治等各方面）相关，如何确保本书提出的策略在适用范围上的有效性还需要深入思考，国家自主性如何影响行为体所采取的语言实践策略值得进一步研究，这是本书尚需探索的重要领域。

权力和利益都是重要的现实因素，本书并不试图否认这两个政治生活中的重要因素，而是认为在这两个因素之外有被忽视的其他因素同样在发挥着重要的作用，即行为体的"策略选择"。但是本书研究存在的一个问题是，对于权力和利益如何影响行为体的"策略选择"还需要深入的分析。所以具体到策略选择的操作问题上，行为体是如何把握这些核心的权力资源，如何将具有共同目标的利益体的行动在实践中整合在一起，还有许多研究工作需要去做。

目　录

绪论　规范传播研究中的层次分析和学术创新

目前,建构主义的研究前沿是规范传播研究,大量研究成果描述和阐明了国际规范倡导者的跨国倡议活动如何通过强迫、恫吓和说服来使国家决策者接受其所认为正确的事情(right things to do)。①其中一个很重要的研究焦点便是:为什么规范传播在有些国家或地区成功了但在另一些地方则失败了?②根据不同的关注视角,这些研究可以根据不同的研究层次分为体系和个体层次的研究,也可以根据不同指向分为国际因素决定国内因素,或者国内因素决定国际因素两类。和其他主流理论如新现实主义和新自由制度主义一样,该研究领域内部的争论非常活跃,涵盖了国际关系研究的不同层次分析视角,学术创新的生长点也往往出现在研究分层上。通过对不同层次或者不同的分层方式进行研究,规范传播的整个生命周期得到了全面深入的研究,也对决定规范传播结果的自变量和中间变量进行了创新性探索,丰富了建构主义对规范传播的理论和实践研究。

① Clifford Bob, *The Marketing of Rebellion: Insurgents, Media, and International Activism*, New York: Cambridge University Press, 2005; Darren Hawkins, Explaining Costly International Institutions: Persuasion and Enforceable Human Rights Norms, *International Studies Quarterly*, 48 (4), 2004, pp. 779-804.

② Richard Price, Transnational Civil Society and Advocacy in World Politics, *World Politics*, 55, 2003, pp. 579-606.

一、规范倡导者和规范接受者

大部分学者在"规范是好的"前提假定下,对规范的传播机制和过程进行了不同角度、层次的深入分析,主要可以概括为两类:一是以芬尼莫尔(Martha Finnemore)、辛金克(Kathryn Sikkink)等为代表的学者,从国际体系层面,对规范倡导者如何通过说服、传授传播规范的机制进行分析;二是以勒格罗(Jeffrey Legro)、切克尔(Jeffrey Checkel)、阿查亚(Amitav Acharya)为代表的学者从国内和地区行为体作为规范接受者对规范传播进程的限制和挑战进行研究。也可以把这两类研究看作规范传播研究中以时间先后顺序出现的两次研究高潮,研究层次从体系转向了国家或地区等所谓的进程层面,在研究对象上从规范的倡导者转向了规范接受者在规范传播中的作用。但是总的来说,这两波研究基本上把规范传播的过程看作教与学(不管教的如何还是学或不学)的过程。

规范的合法性来自于社会成员的共识和授权,获得合法性的规范才能得到接受、遵守和内化。因此,现有文献通常把规范的普适价值作为其合法性的重要来源之一,即把规范视为普适的(universal),认为规范在道德上的优势是其必须和必然传播的根本性因素,通过规范倡导者的教化,规范接受者的学习,当国际规范的接受者数量达到倾斜点(tipping point)时,规范得到了普及。正如有学者指出,规范研究的这种"好规范偏见"对规范传播有所误读,奴隶贸易、酷刑等被多数人视为"坏规范"的规范同样会得到传播。任何规范的倡导者都认为自身支持的规范具有存在、传播和维护的合理性,并通过各种方式传播该规范。

进一步地说,具有"普适价值"的规范并不是都能成功传播、在不同地区和国家的传播效果并不一致,这些事实都说明,规范本身的特性并不能够解答规范为什么传播或无法传播的问题。规范倡导者为了推动规范的传播,可以采用说服、传授等方式对国际社会成员(本研究主要关注国家行为体)进行教化,而国家则在经过了战略计算、角色扮演、规范性说服三个阶段后实现了规范的传播,其中经济利益、国家声誉等都起到了重要作用。第一波学者对规范倡导者可以发挥的作用进行了深入研究,也结合国际事件、案例等进行了验证,初步界定了规范传播的研究理论框架,架构了规范传播的基本传播路径。但是这类研究虽然可以解释"为什么一种规范比其他规范性主张能够获得更为广泛的接受或者更为深入的影响",却不能解释同一种规范为什么在不同地区和国家的传播效果不同。

基于第一拨学者在无法回答同一规范为何在不同地区和国家呈现不同传播结果的困境之下,第二拨学者同样在"普适规范"的前提下进行了学术创新,在分析层次上从体系层面转向进程层面,认为国内文化或规范结构与规范倡导者推动的国际规范的相抵触是规范难以传播或规范在不同地区和国家传播效果不同的主要原因。切克尔通过对"欧盟规范"在德国、乌克兰和英国等国的不同发展程度,首先对国内文化在规范传播中的核心地位进行了分析,认为国内文化结构在很大程度上决定了规范传播的效果。也就是说,如果国际规范与国内规范结构相契合,而规范倡导者也对规范的传播进行了传授的努力,那么国家是比较容易接受国际规范的,国家对规范的内化程度也比较深。这样,规范传播的中间变量便转移到了国内的文化结构上,而研究对象也相应地转移到了规范接受者。

到此并不是创新的重点,在同样的研究前提(规范是好的),同样的研究层次(进程)和同样的研究对象(规范接受者)之下,阿查亚通过创新性引入地区层面的中间变量来分析规范传播的效果问题,[①]突破体系层面和国家层面的传统研究视角,点出了地区规范结构在规范传播中的关键性作用,用东盟与两个规范"人道主义干预"和"共同安全"不同的态度(拒绝人道主义干预规范而接受共同安全规范)进一步突出了规范接受者的主观能动性。如果第一波学者强调规范传播者在"教"的能动性上

---

① Amitav Acharya, How Ideas Spread: Whose Norms Matter? Norm Localization and Institutional Change in Asian Regionalism, *International Organization*, Vol. 58 (2), pp. 239-275, 2004.

（传播规范的价值阐述、传播策略等），那么第二波学者在看到现实与理论并不相符的矛盾之下，对规范接受者的主观能动性进行了"平反"。以阿查亚的研究为例，地区规范结构不仅影响了规范在地区各国的传播，地区也并不是全然接受与其规范结构相契合的规范，而是对所传播的规范进行了主动地改造，以便这个规范能够更好地服务于地区原有规范结构的保持和成长，所以地区不仅具有选择的权力，而且具备创造性改造所传播规范的能力。

可以看到，在"规范是好的"这一前提之下，学者们对规范传播的生命周期进行了多层次的分析和创新，很多创新的成果往往处在对分层的处理上。很有意思的是，莱德·麦基翁（Ryder Mckeown）同样将视角落在国内层面研究，但却对规范传播的生命周期进行了逆向思考，不仅对"规范是好的"这一前提进行了质疑，也从反面即从"最强有力的规范接受国"对"极度深化的规范"带头违反而导致已经被国际社会接受和内化的国际规范发生退化进行了分析。[①]在这一点上，"规范接受者"在规范传播进程中的身份发生了革命性变化，如果说前面提到的切克尔和阿查亚等学者虽然强调了规范接受者的主观能动性，但显然接受者仍然是接受者的角色。但是在麦基翁的研究里，不仅突出的是规范也可以退化而不是进化的，补足了规范传播生命周期中的"死亡"环节；而作为传统的国际规范接受者的国家也可能转换为另一种"反规范"的倡导者，实现从接受者到倡导者的转变。实际上，国际规范的倡导者既可能是国家、国际组织或者非政府组织、个人等，那么从一开始规范倡导者就不是绝对的"规范权威"，极有可能受到两分法思维下所谓接受者的逆袭，所以规范传播过程中所面临的不仅仅是单向的规范进化问题，而可能是规范竞争、规范融合和规范改造等多向的复杂进程。

---

① Ryder Mckeown, "Norm Regress: Revisionism and the Slow Death of the Torture Norm", *International Relations*, Vol. 23, No.1, 2009.

二、规范传播:外部刺激还是内部制约

在规范传播的过程中,一个重要的传播机制便是利用国家对其国际声誉的关注来进行劝说和牵制,通过点名和羞辱(naming-and-shaming)来使得国家接受和遵守国际规范,特别是那些站在道德制高点上的国际规范,拒绝接受和遵守这类规范可能导致的声誉受损将给国家带来巨大的成本。因此,这也是规范倡导者在规范社会化过程中极力强调所倡导规范的道德权威的原因之一。事实上,国家对其国际声誉的关注在很大程度上又与国内观众成本相关。[1]

对国家行为的观众成本的研究[2]通常集中于军事危机[3]、联盟[4]、经济

---

[1] 关于国家声誉与国内观众成本关系的文献有:James D. Fearon, "Domestic Political Audiences and the Escalation of International Disputes", *American Political Science Review*, 88 (3), 1994, pp. 577-592; Alexandra Guisinger, and Smith Alastair, "Honest Threats: The Interaction of Reputation and Political Institutions in International Crises", *Journal of Politics*, 65(36), 2002, pp. 175-200.

[2] James D. Fearon, "Domestic Political Audiences and the Escalation of International Disputes", *American Political Science Review*, 88 (3), 1994, pp. 577-592.

[3] Alastair Smith, "International Crises and Domestic Politics", *American Political Science Review*, 92 (3), 1998, pp. 623-638; Kenneth A. Schultz, "Looking for Audience Costs", *Journal of Conflict Resolution*, 45(1), 2001, pp. 32-60.

[4] Kurt Taylor Gaubatz, "Democratic States and Commitment in International Relations", *International Organization*, 50(1), 1996, pp. 109-139; Alastair Smith, "To Intervene or Not to Intervene: A Biased Decision", *Journal of Conflict Resolution*, 40(1), 1996, pp. 16-40.

制裁[①]、对外贸易[②]、对外直接投资[③]、资金承诺[④]、国内讨价还价[⑤]和国际合作[⑥]等领域的研究中,关注的是国家所做出的国际承诺如何被信任的问题。研究认为,国家领导人会因为所做出的承诺或威胁落空而遭受"国内观众成本",导致负面公众反应的出现。[⑦]回顾这些研究可以发现其中很大的一个特点就是对国家体制的关注,即通常认为民主国家能够更好地兑现承诺,因为民主国家国内的观众成本能够通过民主体制对政府的决策形成影

---

① Lisa L. Martin, "Credibility, Costs, and Institutions: Cooperation on Economic Sanctions", *World Politics*, 45(3), 1993, pp. 406–432; Han Dorussen, and Mo Jongryn, "Ending Economic Sanctions: Audience Costs and Rent-seeking as Commitment Strategies", *Journal of Conflict Resolution*, 45(4), 2001, pp. 395–426.

② Edward D. Mansfield, Helen V. Milner, and Peter B. Rosendorff, "Why Democracies Cooperate More: Electoral Control and International Trade Agreements", *International Organization*, 56(3), 2002, pp. 477–513.

③ Nathan M. Jenson, "Democratic Governance and Multinational Corporations: Political Regimes and Inflows of Foreign Direct Investment", *International Organization*, 57(3), 2003, pp. 587–616.

④ Lawrence J. Broz, "Political System Transparency and Monetary Commitment Regimes", *International Organization*, 56(4), 2002, pp. 861–887.

⑤ Bahar Leventoglu, and Tarar Ahmer, "Prenegotiation Public Commitment in Domestic and International Bargaining", *American Political Science Review*, 99(3), 2005, pp. 419–433.

⑥ Brett Ashley Leeds, "Domestic Political Institute, Credible Commitments, and International Cooperation", *American Journal of Political Science*, 43(4), 1999, pp. 979–1002; Fiona McGillivray, and Smith Alastair, "Trust and Cooperation Through Agent-Specific Punishments", *International Organization*, 54(4), 2000, pp. 809–824; Charles Lipson, *Reliable Partners: How Democracies Have Made a Separate Peace*, Princeton, NJ : Princeton University Press, 2003.

⑦ James D. Fearon, "Domestic Political Audiences and the Escalation of International Disputes", *American Political Science Review*, 88(3), 1994, pp. 577–592; Alastair Smith, "International Crises and Domestic Politics", *American Political Science Review*, 92(3), 1998, pp. 623–638; Alexandra Guisinger, and Smith Alastair, "Honest Threats: The Interaction of Reputation and Political Institutions in International Crises", *Journal of Politics*, 65(36), 2002, pp. 175–200.

响。①公众的同意对于领导人来说是一种资本,相对的,公众的反对则必然是一种政治成本。特别地,大众的同意将是总统权力的重要来源。②有不少研究表明,外交政策在美国总统选举中的重要性与经济因素一样举足轻重或者扮演了重要的角色。③选民对外交政策的支持与否通过选举影响了政府的政治决策。此外,美国政治制度的特点之一就是权力在行政、立法和司法上的分立,来源于约翰·洛克(John Locke)的"三权分立"思想。在政策制定过程中,虽然总统的影响力和权力早已超越建国之初的设计,越来越大,但是得到国会的通过是必备的条件。所以即便不是在选举期间,总统所代表的政党及利益集团的利益诉求如果想要在政策制定中达成,就必须获得国会的通过。而国会对总统提出政策的通过率又往往与总统的公众支持度成正比,这也是在研究美国国内政治时学者对公共意见(public opinion)十分重视的原因,因为这直接影响到了国家政策的制定,而不仅仅是通过投票和选举产生作用。

这里存在的另一个问题是,如何确认观众成本的存在(不管是国际还是国内)。正如许多学者提出的战略选择偏见(strategic selection bias),④如果政策决策者把观众成本纳入决策考量范围,那么他们就不会采用违背公

---

① James D. Fearon, "Domestic Political Audiences and the Escalation of International Disputes", *American Political Science Review*, 88 (3), 1994, pp. 577-592.

② George C. Jr. Edwards, "Aligning Tests with Theory: Presidential Approval as a Source of Influence in Congress", *Congress & the Presidency*, 23(2), 1997, pp. 113-130.

③ John H. Aldrich, John L. Sullivan, and Eugene Borgida, "Foreign Affairs and Issue Voting: Do Presidential Candidates 'Waltz Before a Blind Audience?'", *American Political Science Review*, 83(1), 1989, pp. 123-141; Christopher F. Gelpi, Jason Reifler, and Peter Feaver, "Iraq the Vote: Retrospective and Prospective Foreign Policy Judgments on Candidate Choice and Casualty Tolerance", *Political Behavior*, 29(2), 2007, pp. 151-174.

④ Kenneth A. Schultz, Looking for Audience Costs, *Journal of Conflict Resolution*, 45 (1), 2001, pp. 32-60; Matthew A. Baum, Going Private: Public Opinion, Presidential Rhetoric, and the Domestic Politics of Audience Costs in U.S. Foreign Policy Crises, *Journal of Conflict Resolution*, 48(5), 2004, pp. 603-631.

众意见的决策,也就不会出现政策决策者采取不符合公众意见而产生公众抗议后果的情形,从而就无法观察观众成本的存在与否。很多人认为,大众对外交政策的关注度并不高,人们关心的是日常生活中与切身利益相关之事,往往并不了解国家的外交政策。但是研究表明,虽然大多数公众对政府了解不够,也对大多数公共政策关心较少,但是他们非常擅长利用有限的信息(或者提示)来分析出政策、政党和竞选人的价值观和利益,并且据此采取行动(或者投票)。①更进一步地说,有学者甚至怀疑"民众作为一个整体参与或曾经参与了以平等为基础的政治分配来直接解决政治生活中的实际问题"②,所以只有少数的主要玩家能够根据他们的政治需求来追求他们的"特殊利益"。③

那么选民如何惩罚"欺骗"(bluffs)他们的政府决策者呢?④为此,不少学者对观众成本的存在与否进行了理论和经验验证,得出的结论肯定了观众成本对国家政策的影响作用。可以把影响国内观众判断的因素分为政

---

① Valdimer Orlando Key, *The Responsible Electorate*, Cambridge: Harvard University Press, 1966; Samuel Popkin, *The Reasoning Voter: Communication and Persuasion in Presidential Campaigns*, Chicago: University of Chicago Press, 1991; Benjamin I. Page, and Robert Y. Shapiro, *The Rational Public: Fifty Years of Trends in Americans' Policy Preferences*, Chicago: University of Chicago Press, 1991.

② Rogers M. Smith, *Civic Ideals: Conflicting Visions of Citizenship in U. S. History*, New Haven, Conn.: Yale University Press, 1997, p. 36.

③ F. Baumgartner, B. Leech, *Basic Interests*: *The Importance of Groups in Politics and in Political Science*, Princeton, NJ : Princeton University Press, 1998, p. xv.

④ Joanne S. Gowa, *Ballots and Bullets: The Elusive Democratic Peace*, Princeton, NJ : Princeton University Press, 1999; Kenneth A. Schultz, "Do Democratic Institutions Constrain or Inform? Contrasting Two Institutional Perspectives on Democracy and War", *International Organization*, 53(2), 1999, pp. 233-266; Michael C. Desch, "Democracy and Victory: Why Regime Type Hardly Matters", *International Security*, 27(2), 2002, pp. 5-47; Kristopher W. Ramsay, "Politics at the Water's Edge: Crisis Bargaining and Electoral Competition", *Journal of Conflict Resolution*, 48(4), 2004, pp. 459-486; Branislav L. Slantchev, "Politicians, the Media, and Domestic Audience Costs", *International Studies Quarterly*, 50(2), pp. 445-477.

治体制、动机、军事力量和国家利益四个方面，①研究表明，在任何情况下，国内观众都会对违反承诺的国家行为更为不满（比起国家从一开始便不作为来说）。为什么国内观众会认为领导人不作为甚至要比违背承诺的行为好呢？其中最重要的一个原因便是国家声誉问题。领导人做出承诺而不履约的行为会被国内公众认为这样损害了国家的声誉。因此，公众会反对政府决策者不履约的行为，这种压力会导致政府领导人重新回到履行承诺的轨道上来，或者从一开始便放弃不履约这个策略选择。基于此，对政府决策的国内成本的分析在很大程度上依赖于国际成本的存在上。

正是因为公众关心国家在国际上的声誉，对政府的决策才会关注和进行判断。从这一点来说，国内和国际因素很难彻底分开发生作用，甚至可以说是互相发生作用的重要前提条件之一。但是显然不能把这个当作理论研究的结论，否则国际关系理论只会成为什么都能解释，而实际上却什么都不能解释的无用工具。在规范传播过程中，究竟是外部刺激还是内部制约决定着传播的结果呢？这的确不是一个容易解答的问题。正如前文所述，规范倡导者和规范接受者都可能在规范传播的不同阶段对这个进程产生重要甚至决定性影响，国际和国内因素相互作用、互为前提地对国家接受和遵守国际规范的行为发生作用。而现有文献从这些不同层次都进行了研究尝试，规范的生命周期似乎也已经论述完全了，是不是规范传播的研究已经完结，再无创新之处了呢？很显然的是，规范传播的研究的确是趋向成熟的一个研究纲要，在各个支点上都有其丰富的研究成果，研究层次也从体系到进程都有所体现，进程研究中甚至有国家和地区都已经被

①对这四类因素进行分析的文献可见：Richard K. Herrmann, Philip E. Tetlock, and Penny S. Visser, "Mass Public Decisions to Go to War: A Cognitive-Interactionist Framework", *American Political Science Review*, 93(3), 1999, pp. 553-573; Richard K. Herrmann, and Vaughn P. Shannon, "Defending International Norms: The Role of Obligation, Material Interest, and Perception in Decision Making", *International Organization*, 55(3), 2001, pp. 621-654。

列入研究领域,但是既然现实世界中的规范传播现实仍然存在许多现有规范无法解释或者相矛盾的地方,那么必然还存在研究和创新的空间。

三、层次创新:国内政治进程的重要性

本书从规范竞争的视角进行分析,选取了美国退出《京都议定书》和1945年以前日本对国际战俘规范态度转变进行对比分析,把研究层次回落至国家内部的政治进程和规范竞争之中,试图打破国家作为理性、单一行为体的黑匣子。实际上,从国际关系研究领域的前沿和趋势来看,体系层面的研究创新已经不多,从中层和个体乃至微观的层面对国际关系的现状进行分析、解释和预测不仅更为符合变动复杂的世界政治现实,也更能够激发创新性思考,研究成果也更贴近国家政策制定的需求。如果从规范竞争的视角进行分析,那么参与规范传播进程的行为体显然不只是规范的倡导者,支持和反对该规范的行为体也都可能会参与到过程中,影响着规范传播的结果。

本书选取了国际关系中的两个案例,一个是"失败"案例,另一个是"阶段性成功后走向失败"的案例,即美国作为最初的国际气候规范倡导者却最终退出《京都议定书》,成为国际气候规范少有的"隐形法外国家";而日本在日俄战争期间直到第一次世界大战之前都奉行和遵守国际战俘规范,得到国际红十字会等国际组织乃至国际社会的一致赞赏,在走向二战的过程中日本却完全抛弃了国际战俘规范,虽然签署但最终拒绝批准1929年的战俘公约,并在二战中大量虐杀战俘,从积极融入西方价值体系滑入"显性法外国家"行列。这两个国际关系中的反例所发生的体系背景前后并无变化,国际体系和规范体系亦是比较稳定一致的,但是国家的对外政策上发生了重大的改变,因此排除体系层次的原因,有必要回落到国家层次。通过对国内政治进程进行过程追踪和分析,笔者对此问题进行研究得出两点结论:一是美国国内反对气候规范的政治联盟所采取的策略有效地阻止了气候规范在其国内的传播,使得国内公众在接受气候规范合理性基础上

却拒绝了气候规范的国内合法性；①二是日本右翼势力的政治实践改变了国内政治进程和结构，1920 年以后的"革新右翼"势力改变了宣传和鼓吹对外侵略扩张的主张，而转向对内的国家改造，并且实际上地参与到国内政治进程和体制的改变，最终导致了国际战俘规范在日本的退化和死亡，也是日本逐渐走向反叛国际社会和秩序的根源。

① 谢婷婷：《行为体策略与规范传播——以美国退出〈京都议定书〉为例》，《当代亚太》，2011 年第 5 期；谢婷婷：《语言实践、策略与规范传播——以美国退出〈京都议定书〉为例》，外交学院博士论文，2012 年。

第一章 导 论

一、研究问题与选题原因

(一)研究问题的提出

气候变化问题首次成为联合国大会讨论议题始于1988年,由世界气象组织(WMO)和联合国环境规划署(UNEP)联合建立的政府间气候变化专门委员会(Intergovernmental Panel on Climate Change,IPCC,以下简称"专门委员会")开始有系统地评估气候变化对地球的影响,并大力推动世界各国共同为减缓气候变暖现象而努力。专门委员会在2007年公布的第四次气候变化评估报告中指出,气候系统变暖是毋庸置疑的,目前从全球平均气温和海温升高,大范围积雪和冰融化,全球平均海平面上升的观测中可以看出气候系统变暖是明显的。[1]同时,具有很高可信度的是,自1750年以来,人类活动已成为变暖的原因之一。[2]气候变暖给全球的自然系统和人类系统都带来了巨大的挑战和危害,如极端天气、干旱、物种灭绝、冰川退缩和积雪减少、海平面升高等。实际上,专门委员会的历次气候变化报告都引起了国际社会的极大关注,在协助各国政府采取并执行应对气候变

---

[1] IPCC, 2007, Climate Change 2007: Synthesis Report. Contribution of Working Groups I, II and III to the Fourth Assessment Report of the Intergovernmental Panel on Climate Change [Core Writing Team, Pachauri, R.K and Reisinger, A. (ed.)]. IPCC, Geneva, Switzerland, p. 2.

[2] Ibid., p. 5.

化的政策上发挥了重大作用,并满足了1992年达成的《联合国气候变化框架公约》(The United Nations Framework Convention on Climate Change, UN-FCCC,以下简称《公约》)及1997年的《京都议定书》(Kyoto Protocol)①对权威性咨询的需求。

《公约》通过后,1994年开始了每年一度的公约缔约方大会(Conference of Parties, COP),为各国就气候变化问题的谈判提供了一个磋商平台。由于《公约》中的缔约各方并没有就气候变化问题的综合治理制定具体可行的措施,为了使全球温室气体排放量减少到预期水平,就需要各国做出更加细化和有强制力的承诺。在此背景下,1997年12月于日本京都召开的第三次缔约方大会(COP3)上,《京都议定书》便应运而生,在《公约》的基础上,对如何减缓气候变化和相关对策都做出了较为细化的规定并制定了具有强制力的减量目标。因此,《京都议定书》是对《公约》的补充,后者鼓励发达国家减排,而前者强制要求发达国家减排,具有法律约束力。《京都议定书》建立了旨在减排温室气体的三个灵活合作机制——国际排放贸易机制、联合履行机制和清洁发展机制。

根据《京都议定书》第25条规定,议定书需要有占1990年全球温室气体排放量55%以上的55个以上国家和地区批准之后才能成为具有法律约束力的国际公约。然而由于全球最大二氧化碳排放国美国于2001年退出《京都议定书》,宣称为达成目标所耗费的成本对美国经济来说代价太大,美国的这一举动使得《京都议定书》几乎濒临夭折。直至2005年2月,在历经六年谈判之后,欧洲答应支持俄罗斯加入世界贸易组织(WTO),外加一

---

① 《京都议定书》,又译作《京都协议书》或《京都条约》,全称为《联合国气候变化框架公约的京都议定书》,是《联合国气候变化框架公约》的补充条款,于1997年12月在日本京都由联合国气候变化框架公约参加国三次会议制定。其目标是"将大气中的温室气体含量稳定在一个适当的水平,进而防止剧烈的气候改变对人类造成伤害"。2001年,美国宣布退出《京都议定书》;2011年,加拿大宣布退出《京都议定书》,是继美国之后第二个签署但后又退出议定书的国家。

笔相当优惠的"废气排放量交易额度"（carbon trading credit），从而促使俄罗斯答应签署《京都议定书》，才使议定书得以跨越生效所需的门槛。截至2009年12月，已有184个《公约》的缔约方签署议定书，而在2011年加拿大宣布退出议定书之前，美国一直是唯一一个游离于议定书之外的发达国家。

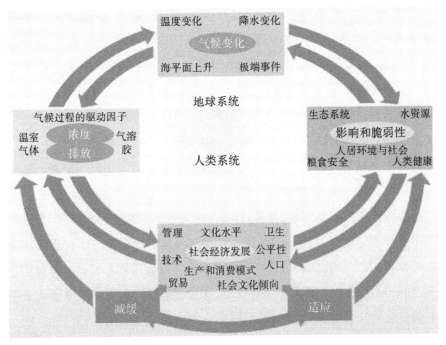

图1-1　描述气候变化的人为驱动因子、影响和响应及其相互之间联系的示意框架
资料来源：IPCC, 2007, Climate Change 2007: Synthesis Report, p. 26.

　　2001年美国不顾国际社会的反对退出了《京都议定书》之后，国际社会对美国在气候谈判问题上推卸责任的行为进行了道德和政治上的谴责，也引发了学界对国际气候政治的进一步关注。美国是最早进行气候变化科学研究的国家之一，早在20世纪50年代艾森豪威尔（Dwight Eisenhower）总统时期美国就开始对气候变化问题产生兴趣，到80年代气候变化问题便已经进入美国外交议程，并逐渐上升至国家安全核心议题。事实上，美国也一直积极参与国际社会促进全球气候变化问题的公约和协议的达成，曾在《蒙特利尔议定书》①（Montreal Protocol on Substances that Depletethe Ozone Layer）的达成中起到领导作用，是最早批准《公约》的工业化国家，并曾于1998年签署《京都议定书》。

可见，以全球协作的方式减少人为排放温室气体、控制全球变暖为核心宗旨的国际气候规范，其所包含的核心价值"人权"和"多边合作"与美国国内规范结构是基本一致的，也曾经是美国积极倡导的国际规范，亦被美国列为国家核心利益的安全问题，为何美国会拒绝接受《京都议定书》？在国际社会普遍认同气候变暖及人为驱动因素事实、国际社会对国际气候规范普遍支持的情况下，美国退出《京都议定书》的国际成本可以说是很大的，一直面临着国际社会的指责和督促其重返京都进程的要求。

现实主义和自由主义等理性主义理论对此提出了相应的解释。不少分析认为美国国家对外政策的制定完全是根据其国家利益来决定的，所以当美国政策决定者认识到《京都议定书》对其经济发展利益的损害时，便必然不会接受该国际规范。但是国家利益的界定本身就是一个存在诸多争议的概念，国家利益能否确切地列出清单？抑或者国际利益并非是物质性的，而是如建构主义所认为的由身份、观念塑造的？利益本身并不能表明其属性是物质还是观念的。即便做出一点让步，承认存在物质性的、独立于主观意志的利益，那么不同国家对利益的认识也必然受到不同观念的影响。比如为什么同样《京都议定书》对日本等国也造成了重大的经济影响，而最终这些国家决定接受该议定书，难道不是认为接受国际气候规范相比较起来更符合其国家利益吗？规范传播的研究可以说正是为了或借着解决这些问题而发展起来的，也对此类问题的回答和解决进行了理论和具体案例分析的研究。

---

①又称作《蒙特利尔公约》，全名为《蒙特利尔破坏臭氧层物质管制议定书》。

表1-1 影响国际气候规范传播效果的影响因素①

外因	规范属性	合理性（reasonability）	包括专门委员会在内的国际组织及非政府组织发布的调查报告证明气候变暖及其主因是人为因素的科学事实	
		合法性（legitimacy）	国际社会普遍签署和通过了《京都议定书》	
	规范传播机制		包括战略权衡、角色扮演与规范说服在内的国际组织的教授机制	
内因	规范核心价值与国内规范的契合度	国际气候规范核心价值	人权（human rights）	气候变暖导致的极端气候变化将给全球自然系统和人类系统产生不利影响，特别是对某些高暴露度和高脆弱性的地区和人群产生致命的危害
			多边合作（multilateralism）	通过国际多边合作的形式达成共同行动协议，采取相应措施和行动
		契合度	是否契合	

　　为什么国家会接受某些国际规范而拒绝另一些？规范传播的研究早已经对这个问题进行了不同角度的分析，并提出了各种具有解释力的答案。根据研究层次的不同，可以对规范传播的研究进行如下分类：第一波研究把研究重心放在体系层面，研究了规范传播的因果机制和过程，实际上强调的是国际规范如何影响和改变国内规范；第二波研究则从国内政治结构和行为体限制规范传播出发，强调了国内规范结构在规范传播中的决定性作用，国际规范与国内规范结构的契合程度决定了国家行为体对国际规范的接受程度。根据对这两波规范传播研究的归纳总结，影响国际气候

---

　　①根据规范传播的研究成果，作者把影响规范传播效果的因素从外因和内因两方面进行了分类，对于规范接受者来说，规范属性即其合理性（规范的价值，所谓"好规范"）、合法性（国际社会对其的认同）以及国际组织的教授是国家接受国际规范的外部因素，也是第一波研究的中心，由外至内传播和教授规范；国际规范与国内规范的契合度或者说"文化契合"（Culture Match）属于第二波的研究重心，强调国内规范结构在规范传播中的决定性作用。

规范传播的因素可以分为外因和内因两方面:第一波研究强调规范的自身属性和传播机制,重视规范由外向内的传播,把主动性定位在国际规范倡导者上;第二波研究则从国内规范结构对规范传播的限制作用出发,强调了国内规范结构的重要性(见表1-1)。对于不同国家来说,国际气候规范的自身属性和传播机制是基本相似的,但是传播效果却不同。那么是否是由第二波研究提出的国内规范结构决定了传播效果的不同呢?但是从美国的案例来看,美国国内规范结构是与气候规范所倡导的"人权"和"多边合作"等核心价值基本上是相契合的,而美国政府最终却仍然是选择了背离国际气候规范,决定退出《京都议定书》。

因此,本书的理论问题是:国内规范与国际规范基本契合时,国家为什么拒绝接受国际规范。

(二)选题原因

作为温室气体排放大国和能对世界其他国家产生"示范效应"的大国,美国的参与对《公约》《京都议定书》目标的达成和实现有效的全球气候治理具有至关重要的作用。从美国作为温室气体排放大国所应承担的责任、美国所拥有的削减温室气体排放的能力,以及美国作为领导性大国在国际社会中的号召作用出发,美国退出《京都议定书》的举动都严重影响了解决全球气候变化问题的进程,对国际气候规范的削弱作用是非常明显的,这也正是国际社会对美国这个决策指责不断的原因。全球气候变化对全球生态系统的破坏和持续的影响,国际社会是存在共识的,如何解决气候变化问题是各国包括美国在内都十分关注的问题。美国退出《京都议定书》带来了种种后果,如国际气候规范合法性的减弱、议定书目标实现遭到质疑等,对全球气候变化问题的解决是重大的打击。

规范传播的研究从层次上主要分为国际体系、地区、国家三个层面,其中一直存在结构与行为体之争。多数学者主要从规范由上至下的建构作用出发进行研究,属于由外至内重塑国家身份和利益偏好的研究,强调规范的建构作用,早期的建构主义研究大都集中在这一方面,延续了温特对观念结构的研究。①不少学者从同一规范在不同国家之间的传播效果质疑了以结构为研究中心的缺失,②也有学者引入社会学研究中体系观念与目标国文化的契合度影响体系观念的传播这一研究角度,③提出了接受者规范结构在规范传播中的影响作用,认为与接受者规范更为吻合的观念能够

---

① 大量经验研究从结构层次出发研究了规范对国家的建构作用。See Ethan A. Nadelmann,"Global Prohibition Regimes: The Evolution of Norms in International Society", *International Organization*, Vol. 44, Autumn, 1990, pp. 479–526; Martha Finnemore, "International Organizations as Teachers of Norms: The United Nations Educational, Scientific and Cultural Organization and Science Policy", *International Organization*, Vol. 47, Autumn, 1993, pp. 565–598; Martha Finnemore, *National Interests in International Society*, Ithaca, NY: Cornell University Press, 1993; David Strang and Patricia Mei Yin Chang, "The International Labor Organization and the Welfare State: Institutional Effects on National Welfare Spending, 1960–1980", *International Organization*, Vol. 47, Spring, 1993, pp. 253–262; Yasemin N. Soysal, *Limits of Citizenship: Migrants and Postnational Membership in Europe*, Chicago: University of Chicago Press, 1994; Audie Klotz, *Norms in International Relations: The Struggle Against Apartheid*, Ithaca, NY: Cornell University Press, 1995; Peter J. Katzenstein, ed., *The Culture of National Security: Norms and Identity in World Politics*, New York: Columbia University Press, 1996; Peter J. Katzenstein, *Cultural Norms and National Security: Police and Military in Postwar Japan*, Ithaca, NY: Cornell University Press, 1996.

② See Ann Florini, "The Evolution of International Norms", *International Studies Quarterly*, Vol. 40, September, 1996, pp. 363–390.

③ See Peter J. Hugill, and D. Bruce Dickson, ed., *The Transfer and Transformation of Ideas and Material Culture*, College Station, TX: Texas A & M University Press, 1988; Paul J. DiMaggio, and Walter W. Powell, ed., *The New Institutionalism in Organizational Analysis*, Chicago: University of Chicago Press, 1991; John W. Meyer, Francisco Ramirez, and Yasemin Soysal, "World Expansion of Mass Education, 1870–1980", *Sociology of Education*, Vol. 63, April, 1992, pp. 128–149.

得到更好的接受和传播。①勒格罗认为国内社会文化很重要,国内组织的规范决定了国家对国际规范的接受程度;切克尔同样强调不仅要研究规范制造者(norm maker)②的能动性,也要重视规范接受者(norm taker)的能动性,强调了国内文化的重要性;③阿查亚随后指出了地区规范结构在规范传播中的决定性作用,认为地区行为体可对国际规范进行"地区化"调整的能动作用,把地区层次引入了规范传播研究。这些研究从结构层面的研究转移至地区、国家组织层面,强调了规范接受方的能动性。但是这些研究对接受者的地区、国家、组织规范结构的强调实际上并没有脱离结构的束缚,规范的传播仍然被限制在地区或国内社会文化结构中,行为体的能动性有限。本书则认为,行为体可以通过采取有效的策略,突破规范结构的束缚,获得合法性。从这个角度来说,行为体的能动性才能得到真正的体现和实现。因此,在国内规范结构和国际规范基本契合时,探讨行为体如何通过策略选择改变规范传播的进程,可以进一步明晰行为体的能动性及其作用机制。

---

① See Jeffrey W. Legro, "Which Norms Matter? Revising the 'Failure' of Internationalism", *International Organization*, Vol. 51, Winter, 1997, pp. 31–63; Jeffrey T. Checkel, "Norms, Institutions and National Identity in Contemporary Europe", *Internatonal Studies Quarterly*, Vol. 43, 1999, pp. 83–114; Amitav Acharya, "How Ideas Spread: Whose Norms Matter? Norm Localization and Institutional Change in Asia Regionalism", *International Organization*, Vol. 58, No. 12, Spring, 2004, pp. 239–275.

②此处借鉴切克尔关于"规范制造者"和"规范接受者"的说法。See Jeffrey T. Checkel, "Norms, Institutions and National Identity in Contemporary Europe", *Internatonal Studies Quarterly*, Vol. 43, 1999, pp. 83–114.

③See Thomas Risse-Kappen, "Ideas Do Not Flow Freely: Transnational Coalitions, Domestic Structures, and the End of the Cold War", *International Organization*, Vol. 48, 1994, pp. 185–214; Cortell, Andrew P., and James W. Davis, Jr., "How Do International Institutions Matter? The Domestic Impact of International Rules and Norms", *International Studies Quarterly*, Vol. 40 (4), 1996, pp. 451–478.

二、前提假定与研究假设

(一)前提假定

建构主义认为,规范能够建构国家身份和利益,并不仅仅起到限制和约束作用。本书也认可这一前提假定,并且认为国际规范与国内规范结构的契合度的确会在一定程度上影响规范的传播进程,国际、国内规范越契合,规范越容易传播;国际、国内规范越不一致,规范越难传播。但是本书进一步地引入"策略"概念,认为行为体所采取的策略能够突破国际规范与国内规范结构之间的契合度问题,充分发挥行为体的能动性。

本书引入了行为体"策略"的概念,试图抛开严格分层次的研究方法,虽然在本书选用的案例中关注的主要是美国国内反对气候规范的行为体所采取的策略,但是理论核心在于行为体策略而非行为体的国内还是国际属性。这样,便能够沟通国际和国内层面,通过策略选择的相互竞争,哪类行为体的语言实践能够获得(国际或国内)合法性的结果便可知晓。如此,焦点便转移到了参与规范传播过程中各方参与者所采取的策略上了。

现代语言建构主义理论认为,言语行为建构了社会事实,而其中规则规范是这一进程的重要媒介,关注的核心问题是施动者的言语行为如何建构了社会现象。[1]本书的研究对象是行为体的语言实践,从本体论角度来说,一方面作者把行为体的言语行为视为建构社会事实的基本要素,另一方面引入"实践"概念来弥补现代语言建构主义在实践性问题上的缺失,分析语言实践在现实政治中的效力问题。这方面的分析将在第二章中进行详细阐述。

因此,融入了对行为体策略选择的考虑之后,行为体的语言行为便具有了实在的研究内容,而不仅仅局限于现代语言建构主义的"语言中心主义"束缚之中,可以借此分析语言在现实中的实践是如何运作的,它的使用

---

[1] 聂文娟:《现代语言建构主义及"实践性"的缺失》,《国际政治研究》2010年第4期。

效力如何能够得到充分体现。毕竟,语言是社会实践的产物,而不是脱离实践活动的空洞抽象。语言产生所依赖的种种条件,无论是社会条件,还是生理条件、心理条件,都是通过人的劳动与各项生产实践活动创生的。[①]可以说,对行为体语言实践中的策略选择进行分析为实践中的语言行为提供了可操作的借鉴。

(二)国际政治中的策略研究

实际上,正如研究规范竞争的学者所探讨的那样,国际规范要在国际社会中获得合法性,必须与其他规范进行竞争,实现其传播的目的。弗罗瑞尼(Ann Florini)认为,不同的规范承载着不同的行为指令,它们相互之间为"时间和注意力"而进行竞争,正如基因为染色体上的位置而竞争。[②]与此同时,在规范传播中,支持和反对该规范的行为体也都会参与到过程中,影响着规范传播的结果。参与各方都想让结果往有利于自己的方向发展,也就必然在其中付出努力、做功,相互拉扯,合力的结果往哪个方向发展必然取决于哪一方的"力"更大(见图1-2)。这个"力"的决定性因素在本研究中便被设定为行为体的"策略"。

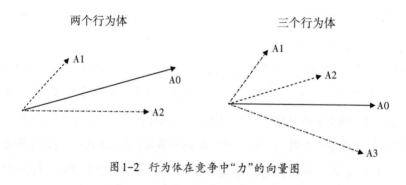

图1-2 行为体在竞争中"力"的向量图

---

①刘龙根:《论"实践转向"的意义及其对语言问题研究的启迪》,《学术交流》2004年第11期。

②Ann Florini, "The Evolution of International Norms", *International Studies Quarterly*, 1996(40), p. 389. 转引自周方银:《国际规范的演化》,清华大学博士学位论文,2006年,第16页。

在图1-2的两个向量图,分别描绘了两个行为体和三个行为体在竞争力的相互作用下可能导致的事态发展方向。[①]图中A1、A2、A3分别代表不同的行为体,A0则是规范竞争中结果的发展趋向:结果可能是任何一个行为体倡导或反对某一个规范的成功,这取决于"力"(策略)的较量。这样,就不存在外部(国际)还是内部(国内)因素哪个更为重要的考量了,从某种程度上打破了严格分层的研究方法。因此,对于本书来说,规范传播的核心是行为体在语言实践中的策略选择,也就有必要在此对国际政治中关于"策略"的研究进行基本梳理,为下文对语言实践活动中的策略选择进行分析提供基础。

1.权力与策略

关于权力和策略之间的关系,简单来说,可以分为权力影响或决定策略的运用效果和策略是达成权力的目的这两类研究。例如,最典型的便是马基雅维利的著作《君主论》,[②]可以说这是第一本谈论政治沟通策略的西方论著。这本著作通常被认为是倡导政治精英如何通过灵巧的政治策略掌控政治和不对称的体系权力的经典,策略被看作操纵权力的工具。但是马基雅维利另一本较少为人所知的《李维史论》却完全是从"民主"的角度来论述如何通过策略来限制精英的权力,提出可以通过公诉等形式让公众直接参与到政治进程中。[③]所以策略不仅仅可以实现权力,也可以限制权力。同样地,利普斯基(Michael Lipsky)在其1968年的研究[④]中提出了一个模型,分析无权的群体如何通过媒体和其他媒介对目标产生压力从而获得

---

①示意图只是为了进一步形象地说明规范传播中相互竞争的行为体如何通过策略选择所产生的"力"影响规范传播的结果,并不包含严格数学运算和统计数据。

②Niccolò Machiavelli, *The Prince*. Translated by W. K. Marriott, New York: Alfred A. Knopf, 1992.

③John P. Mccormick, "Machiavellian Democracy: Controlling Elites with Ferocious Populism", *American Political Science Review,* Vol. 95, pp. 297–313.

④Michael Lipsky, "Protest as a Political Resource", *American Political Science Review*, Vol. 62, pp. 1144–1158.

物质回报,其研究更多地集中在信息和宣传活动上来影响权力分配的不对称,但是也充分体现了权力较少的公众如何通过策略性沟通对政治进程发挥影响力。而在当时的思想潮流中,这种强调抗议策略中的核心要素并试图通过第三方的倡议来对权力当局发起挑战的理念是比较超前的。此外,以米尔斯(C. Wright Mills)的一系列著作为代表,主要集中于所谓美国"权力精英"(power elite)的结构和影响,①由此引起了一系列对此的研究。针对米尔斯的研究,曼海姆(Jarol B. Manheim)批评到,尽管米尔斯也研究所谓民主多元化理论(不同群体之间的利益竞争及其在不同领域并不固定的权力所导致的多元化),但是米尔斯仍然是立足于那些丧失了政治影响力的精英如何通过策略性活动来重获权力的。②

不过很显然,类似曼海姆这样的批评必然会引出如何让在政治权力上处于弱势地位的公众或者弱势群体通过策略运用来实现政治参与,并且影响政策制定过程的研究。除了上面提到的马基雅维利和利普斯基的此类主题的研究,曼海姆本人也在其1990年的研究成果中分析了在不稳定的政治系统中,政府是如何处于寻求发起奥林匹克运动的国内和国际运动员的压力之下的。③而韦伊(David Weil)提出的"策略选择框架"(strategic choice framework)则意在指导联盟领袖的决策,并提供了如何根据外部影响力和内部组织力来衡量单个联盟的决策基础。④总之,政治精英可能掌握更多进入政治进程的渠道和资源,但是他们的权力并不能完全保证政治的发展按照他们的利益诉求前进,公众同样可以通过运用各种策略来影响政策制定。

---

①C. Wright Mills, *The Power Elite*, New York: Oxford University Press, 1956.

②Jarol B. Manheim, *Biz-War and the Out-of-Power Elite: The Progressive Attack on the Corporation*, Mahwah, NJ: Lawrence Erlbaum Associates, 2004.

③Jarol B. Manheim, "Rites of Passage: The 1988 Seoul Olympics as Public Diplomacy", *Political Research Quarterly*, Vol. 43, pp. 279-295.

④David Weil, "Strategic Choice Framework for Union Decision-Making", *Working USA: The Journal of Labor and Society*, Vol. 8, pp. 327-347.

2. 媒体与策略

争取公共意见或者说社会共识是政府政策制定者十分重视的,而公众的注意力既然是有限的,那么如何通过策略来争夺公众注意力和同意就成了关键。获取大众支持的一个重要途径就是通过大众媒体的宣传。所以有不少文献集中分析了宣传的技巧,即宣传策略。拉斯韦尔(H. Lasswell)将宣传定义为:操控表意符号系统、影响他人行为的技术。显然语言在其中的作用是十分重要的。而宣传分析研究所(The Institute for Propaganda Analysis)早在1937年就总结了七种常用的宣传技巧,[①]基本上着重于语言的表达技巧,在随后于1939年编辑出版的《宣传的艺术》(*The Fine Art of Propaganda*)一书中更是得到了完整地呈现:

一是辱骂法(name-calling),又称标签法(labeling),通常是将某人或某事贴上负面的标签,从而使得受众对被贴上标签一方产生负面甚至抗拒的情绪。

二是光辉泛化法(glittering generality),又称晕轮效应或粉碎效应,通过把某事与"美善的字词"联结在一起,例如民主、自由、人权、平等,因为这些字词代表着人类对美好理想的追求,所以即便是一些很抽象的词,也往往比较容易得到公众的认可。

三是挪移法(transfer),通过将某一普遍认可的事物所具备的权威、认知等转移到另一事物上,使后者一方面既容易被公众理解,也因为所转移的权威认知,比较容易得到认可,从某种程度上来说和第二种方法有点相似,通过"联想"让公众认可所宣传的事物。

四是佐证法(testimonial),主要是通过一些信誉度高的公众人物的现身说法为特定事物证明或者背书,来提高事物的可信度,所以也可称之为名人证言法。

---

① Institute for Propaganda Analysis, "How to Deter Propaganda", *Propaganda Analysis* 1937, Vol.1, pp. 1-4.

五是平民法（plain folks），是指宣传者力图使人们相信他们所宣传的事物来自于人民，或者说代表人民的利益，以此拉近与公众的心理距离来争取民众的信任与支持，此类亲民形象的塑立在很多政治运动和宣传中最为常见。

六是洗牌法（gard stacking），这种方法和前面提到的第二种方法即粉饰法可以比较来分析，粉饰法通常意在美化某一事物，而洗牌法则更极端一点，即一面倒地美化某一事物或者只呈现不利证据去丑化某一事物，通过事实或谎言、清晰或模糊、合法或不合法的论述，对有利于自己的观点做出尽可能好的说明，相应地对不利于自己的观点则尽可能说不好，突出一面之词。

最后第七种方法则是巡游花车法（bandwagon），利用的是人们的从众心理，宣传者通常试图让公众相信自己的主张代表着主流民意，而大多数人也已经接受了他们的主张，于是号召其他人跳上自己的"巡游花车"，进入"主流"，因为社会中的公众都倾向于向多数派靠拢，而不愿意被孤立。[1]

随着大众媒体在20世纪乃至21世纪的快速发展，大量学者从不同视角和领域对大众媒体、宣传进行了研究，而对宣传技巧的关注也进行了多方面研究。例如，布朗（J. A. Brown）分析了从宗教改变到洗脑等各种宣传技巧，[2]埃吕尔（Jacques Ellul）阐述了能够成功塑造公众态度的宣传所应具备的因素及效果，[3]而马林（Randal Marlin）则运用广泛的日常经验来对埃吕尔提出的这些技巧或者成功因素进行了道德层面的探讨。[4]这些研究主

---

①Alfred Mcclung Lee, Elizabeth Briant Lee, *The Fine Art of Propaganda*, International Society for General, 1932.

②James. A. Brown, *Techniques of Persuasion: From Propaganda to Brainwashing*, London: Cox & Wyman, 1963.

③Jacques Ellul, *Propaganda: The Formation of Men's Attitudes*, New York: Alfred A. Knopf, 1965.

④Randal Marlin, *Propaganda and the Ethics of Persuasion*, Peterborough, Ontario, Canada: Broadview Press, 2002.

要集中在宣传的技巧或策略上,提出了不少至今都十分有影响力的宣传策略,成为现今大众传播研究的典范。除此之外,随着新兴媒体的发展,对电子媒体的研究也日益增多。总的来说,对媒体和宣传策略的研究主要从技巧、载体和机构等角度进行分析,研究成果众多,在此就不再详述。

3.社会运动和社会营销策略

对于策略本身的研究著作最早可以追溯到2000年前的《孙子兵法》,而根据中国传统文化强调"整体"和"系统"的特点,这部著作可以说是从系统的角度针对不同的环境如何进行灵活的策略运用进行了分析,即运用策略达到"天时、地利、人和"是军事上获得胜利的重要保障。从西方的研究来说,谢林(Thomas Schelling)和阿林斯基(Saul D. Alinsky)分别在20世纪60和70年代出版了关于对冲突和军事斗争中的策略运用的研究,谢林的研究采用了博弈论和数学模型来进行分析,而阿林斯基则更多地从一般意义上对斗争策略进行了论述。[1]对各种社会运动提出策略建议的研究在不少现有文献中都有反映,而且极其丰富。[2]

还有一类与策略相关的类似规范传播的社会现象和研究,即社会营销。[3]除此之外,根据营销主体和目的的不同,往往在营销(marketing)前面加上不同的前缀,比如政治营销、国家营销等,借用的自然是经济学领域中的市场营销的概念。不管营销之前的形容词或名词为何,这类研究通常关

---

[1]Thomas C. Schelling, *The Strategy of Conflict*, New York: Galaxy Books, 1963; Saul D. Alinsky, *Rules for Radicals: A Pragmatic Primer for Realistic Radicals*, New York: Random House, 1971.

[2]比如就针对在社会运动中的媒体策略,参见:Charlotte Ryan, *Prime Time Activism: Media Strategies for Grassroots Organizing*, Boston: South End Press, 1991; Jason Salzman, *Making the News: A Guide for Activists and Nonprofits*, Boulder, CO: Westview Press, 2003; Sam Gregory, Gillian Caldwell, Ronit Avni, and Thomas Harding, ed., *Video for Change: A Guide for Advocacy and Activism*, London: Pluto Press, 2005。

[3]Alan R. Anderson, *Social Marketing in the 21ˢᵗ Century*, Thousand Oaks, CA: Sage Publications, 2006.

注的是非商业领域主要是政治领域对观念的传播。例如,营销学方面的权威之一科特勒(Philip Kotler)在1969年与列维(Sidney J. Levy)合作的一篇论文中把传统的营销原则扩展到了非商业组织、个人和理念上,他们认为有几个核心概念可以运用到社会领域,即产品定位、目标消费者定位、消费者行为分析、多渠道沟通、综合规划等。①此后,在2002年,科特勒、罗伯托(Ned Roberto)和李(Nancy Lee)合作了一本著作,对如何将营销技巧运用到推动社会事业中做了详细的阐述并与商业领域中的各技巧进行对比,②而安德森(Alan R. Anderson)和科特勒在2003年的著作中特别分析了非政府和非营利组织的营销策略。③

4. 语言和策略

对语言(或者符号)与策略之间的关系进行的研究可以追溯到肯尼思(Kenneth Burke)的著作中,他对策略性的政治沟通进行了思考,认为人类活动实际上是沟通的结果,而这种有机的沟通是以符号的形式开展的。④此后,有不少学者也对符号和作为沟通符号的语言在政治沟通中的作用和效果进行了分析,考察语言符号在其中的意义。⑤比如,霍尔(Edward T. Hall)认为人类交际(包括语言交际)都要受到语境的影响,为此将沟通划分为高语境(high context)和低语境(low context)两类,高语境文化中语义的承载主要不是语言性的,而是非语言和语境性的,传达信息时并不完全

---

①Philip Kotler, and Sidney J. Levy, "Broadening the Concept of Marketing", *Journal of Marketing.* Vol. 33, pp. 10–15.

②Philip Kotler, Ned Roberto, and Nancy Lee, *Social Marketing: Improving the Quality of Life*, Thousand Oaks, CA: Sage, 2002.

③Alan R. Anderson, Philip Kotler, *Strategic Marketing for Nonprofit Organizations*, six edition, Upper Saddle River, NJ: Prentice-Hall, 2003.

④ Kenneth Burke, *Language as Symbolic Action,* Berkeley, CA: University of California Press, 1966.

⑤ Doris A. Graber, "Political Language", in Dan Nimmo and Keith R. Sanders, ed., *Handbook of Political Communication,* Beverly Hills, CA: Sage, 1981, pp. 195–223.

依赖语言本身,因为人们对语言的局限性有充分的认识;然而在低语境文化中,语言的作用较为突出,因为信息主要是通过语言来传递的,语言在人们的交际中始终处于中心地位。高语境中的信息解码更多地依赖交际者双方共享的文化规约和交际时的情景,而低语境中的信息解码则主要在言语中,交际信息对语境的依赖性小。①通过这样一种以语境高低来划分的方式找到了研究文化异同的有效方式及针对不同语境中的目标群如何策略性地开展政治沟通的方式。

从上述这些不同领域或角度对策略的研究和关注可以看到,不管是从权力角度探讨可运用策略的资源基础,还是专门探讨媒体这类传播载体可以运用的策略,或是在特定的事件和进程如战争或社会运动中的策略运用,抑或是聚焦于沟通交流的语言核心来进行分析策略可在其中发生的作用,都为本书的写作提供了丰富的文献基础和思维素材。但是本书对"策略选择"的研究至少在如下三点上与前述这些"策略研究"的文献有所不同。

首先,本书的问题领域在于规范传播的进程,专门探讨规范传播中的策略的研究并不多,或者说大多数集中在某一类策略的研究上。比如黄超在其博士论文中探讨了国际规范传播中的"说服战略",通过对国际安全领域内的地雷规范与小武器规范案例的比较分析,提出了人道主义化框定、支持性规范联系和情感化宣传三种推进国际规范传播的有效战略,集中分析了在"说服"这一类规范传播的社会化机制中规范倡导者采用的战略,认为规范倡导者采用的说服战略也是导致规范传播效果出现差异的重要因素。比较而言,本书一方面在规范传播中的行为体认识上有所不同,笔者认为规范传播中规范的倡导者和接受者都是重要的行为体,并且可以进行语言实践和策略选择来影响规范传播的效果,而在本书的案例中特别分析了国内反对接受国际规范的规范挑战者是如何通过语言活动中的策略选择改变规范传播进程的;另一方面在范围上,本书的策略并不仅仅局限于

---

① Edward T. Hall, *Beyond Culture*, New York: Anchor/ Doubleday, 1971.

考察说服这类社会化机制中的策略选择，而是涵盖了规范传播的整个进程。

其次，在切入点上，笔者更倾向于从语言和实践相结合的角度来考察规范传播进程中的策略选择。所以策略选择的分类属性显然更多的是根据语言资源决定的，根据在绪论中提到的语言效力资源的三个来源，即分别是语言使用者（谁来说）、语言内容（说什么）和语言方式（怎么说）进行了分类和分析。据此分类得出的三类策略通过分离规范的合理性和合法性，使国内公众在即便认可规范合理性的情况下也会拒绝赋予规范合法性地位。由于本书把规范传播的进程视为语言实践活动，那么必然更注重其实践性，并不把策略看作预先设定的一系列能够实现目标的手段，而是强调在语言实践过程中，行为体逐渐对策略选择达成共识，也即是说行为体的策略选择也是在语言实践过程中的产物。因此，从本体和切入点来看，本书对策略的分析是立足于语言实践之上的，研究的前提假定认同语言实践作为社会活动（自然也就包括国际政治、国际关系）的本体地位。

最后，策略是行为体能动性的体现，而不仅仅是实现目标的工具。在大多数对策略进行分析的研究中，策略通常扮演的是实现目标工具的角色。的确，策略之所以重要的一点原因是可以帮助行为体的行动产生效果、达成目的。但本书更看重的一点是，策略选择对于行为体来说所具备的"能动性"的意义。即便是在强调动态和变化可能性的建构主义理论中，特别是强调建构意义和观念的规范传播研究中，很难甩开的一点仍然是结构的决定性意义。结构固然重要，但是从某种程度上来说，对结构的重视却很容易忽视行为体"选择"的可能，对人们的"自由意志"产生怀疑和否定。所以本书对策略的关注并不是绝对地反对结构的作用（这样就是走向另一个极端的错误），而是想要提出和呼吁对行为体能动性的再次关注。这也正是笔者选用美国退出《京都议定书》的案例来说明行为体的策略选择能够改变结构加诸规范传播进程中的运动方向、改变规范传播结果的原因。

总的来说，本书把规范传播的进程视为行为体语言实践活动的进程，一方面既是因为本书的本体论假定，另一方面也是本书的核心概念——策略分析的基础,是本书的策略研究区别于既有文献对于策略的研究极其重要的一点。所以规范传播实际上就是行为体的语言实践,而在这个语言实践活动即规范传播进程中,行为体的策略选择既体现其作为主体的能动性,也影响了语言实践活动的发展方向,即规范传播的效果。

(三)研究假设

规范的传播过程中通常需要具备规范倡导者、规范和规范接受者三个基本部分,其中倡导者和接受者是这个过程中的两方主要行为体。对规范传播效果的评价不外乎从这三者中寻找原因:一是规范倡导者的组成及其在传播所倡导规范的过程中所采取的方式方法影响规范传播结果;二是规范本身的价值(通常是规范的合理性,如符合人道主义、自由平等原则等)决定了规范的传播结果(实现合法性);三是所传播规范与规范接受者自身的规范结构是否契合决定了规范接受者是接受、改造还是拒绝规范,所以规范的传播效果取决于规范接受者。正如前面所述,这三类研究结果都无法很好地解释美国退出《京都议定书》的现实问题。前两类善于回答何种规范得以社会化的问题,而无法解读单个国家或地区能否被社会化的原因;第三类的结论则正好与美国和国际气候规范之间的关系相反,美国拒绝遵守与国内规范结构基本契合的国际气候规范。

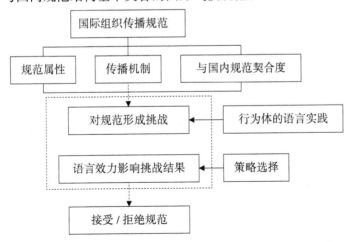

图1-3 行为体在语言实践中的策略选择影响规范传播进程

本书认为,行为体的策略选择能够改变规范传播的进程。从案例来看,美国国内反对接受国际气候规范的行为体通过策略选择,有效运用语言行为,在现实政治实践中突破规范结构的束缚,使得拒绝接受原本应该接受的国际规范成为可以认同的事实,阻止了国际气候规范获得国内合法性地位(见图1-3)。在这个逆转规范传播进程的过程中,行为体的语言实践实现了其效力,建构了社会事实,改变了人们对世界的认识,实际上也就实现了语言的实践性目的。在缺少其他行为体语言实践的规范传播进程中,规范的属性、国际组织的教授,以及传播机制、国际规范和国内规范的契合度都是影响规范传播结果的重要因素。然而一旦其他行为体的语言实践介入其中,如图1-3中虚线框所示,便会对规范的传播形成挑战,而其语言实践中所采用的策略则影响了这种挑战的效力,能够成功改变规范传播的进程便取决于行为体在其语言实践中的策略选择。

可以进行如下推断:行为体的策略选择关系着其语言实践的有效性,根据具体实际情况所采取的不同策略会导致行为体语言行为在现实实践中建构社会事实的能力,涉及其所调动的语言资源是否充足、建构的社会意义是否能够被接受、诉说的方式是否有利于语言意义的传播。由此得到:行为体的语言实践→策略运用→规范传播效果。在这个过程中,需要集中分析的是行为体的策略如何影响其使用语言行为的效力,也可以说行为体在语言实践活动中的策略选择关系到行为体能否有效使用语言来建构社会事实。

图1-4 语言的三个效力来源

可以对语言的效力资源进行分析和分类(见图1-4),即语言使用者、语言意义和言语方式是语言效力的三个来源。首先,语言使用者能够调动的权力资源在很大程度上决定了语言的效力,同样的语言由不同的个人、团体来进行阐述所获得的效果并不一样。语言行为背后存在着利益和权力关系的交错,也并不是所有人都具备说话的"权力"和说话的能力的(话语权),语言关系体现的是符号权力的关系。正如在规范传播中,学界就曾对国际组织的权威进行过分析,认为国家授予、专家权威和道德权威是其权威的来源。国际组织所代表的中立、道德象征往往意味着其所诉说的语言在很大程度上较容易得到国际社会的信服。其次,行为体所建构的语言意义在很大程度上影响了其语言实践的效果。有些语言内容总是比起其他来说更容易获得受众的认可,能够在受众之中获得共鸣的语言意义往往容易取得合法性。最后,言语方式也是影响语言效力的重要资源,如何诉说才能让受众接受语言内容所涉及的技巧同样值得考量。在这里,关注的重点并不是这三个效力来源本身,重要的是如何获得这些资源,这就是策略选择和运用所需要考虑的内容,行为体所采取的策略决定了其所能调动的资源。

在此还需要进一步说明的是,由于本书侧重研究在国际规范与国内规范结构基本契合的情况下,为何国家会拒绝接受国际规范,所以关注的自然是挑战国际气候规范传播的行为体所采取的策略,但是这并不意味着只有国内的这些规范挑战者才能在语言实践中采取有效的策略。从另一个角度说,在国际规范与国内规范结构并不契合的情况下,也存在接受国际规范的案例存在,在这种情况下支持和倡议国际规范的行为体(国际或国内)也成功地采取了有效的语言实践策略。这方面的案例研究可待将来进一步探索,在本阶段,本书选取从国际规范与国内规范结构基本契合的角度,探究为何国家会拒绝接受国际规范,分析行为体的策略选择在其语言实践中的核心作用。

三、研究方法与章节结构

(一)研究方法说明

本书采用案例分析的方法,通过单案例研究来验证理论假设。根据亚历山大·乔治(Alexander George)等人的归纳,案例研究一共有六种方式:第一种是非理论的具体案例研究,虽然不直接对理论建设做出贡献,但是其所提供的丰富历史描述为将来进一步的研究和理论建构提供了基础;第二种是利用现有理论解释特定案例;第三种是启发式案例研究,演绎出新的变量、假设、因果机制;第四种是理论检验,目的是验证和确定单一和竞争性理论的解释力、作用条件及其范围;第五种是那些未经过测试的理论和假设进行合理性检验,以确定他们是否需要更为强有力和精密的保证;第六种为某种现象的特定类型或次类型理论的"搭积木"式案例研究,实际上就是把研究这类现象的理论进行细分,对每一个次级现象的研究,都对整个现象做出理论贡献,但是他们又是相互独立的,其有效性和作用不依赖于其他次级现象。①本书采用的便是第六种方式。正如前面提到,本书的研究问题是:国际规范与国内规范结构基本契合时,国家为什么会拒绝接受国际规范? 这实际上便是在规范传播这个研究现象的理论框架中的一支,在国际规范与国内规范结构基本契合的前提下,分析影响国家接受规范的因素。因此,本书的研究旨在通过对这个次级现象的分析,进而对整个现象做出理论贡献。

在具体研究方法上,由于本书的理论假设集中于行为体语言实践中的策略选择,过程追踪法可以较好地对具体实践进行分析和研究。过程追踪关注在单个案例或者是一个在实践和空间上都有限的特殊现象中的证据,换句话说,过程追踪试图对某个个案进行历史性解释,而这种解释可能(也

---

①Alexander George, and Andrew Bennett, *Cases Studies and Theory Development in the Social Science*, Cambridge, MA: MIT Press, 2005, pp. 75–76.

可能无法)提供与这个个案相关的普遍现象的理论性解释。[1]要对个案进行历史性解释,收集相关证据,必须大量收集在限定时间和空间内涉及该个案的数据和资料,才能真正寻找出因果关系链中导致个案结果的原因。另外,本书所关注的是行为体的语言实践及其策略选择,通过过程追踪法查找行为体在当时的时空环境下所做出的实践和选择,能够较好呈现策略在规范传播中所起到的影响。

由于受到富布莱特中美联合培养博士生项目的资助,本人有幸在本书写作阶段于美国埃默里大学访学十个月,从而得以深入了解美国社会及其政治环境,并与美国相关领域学者交流,也有机会接触美国公众,获知他们对气候问题的直接感受。另外,埃默里大学图书馆数据库中的数据资料是很重要的一个数据来源。[2]由于语言实践的一个很重要途径就是大众传媒,因此案例中的数据和资料分析需要大量收集和采用来自新闻媒体的数据资料,主要使用了范德比尔特电视新闻档案[3]数据库中的数据资料,通过电视语言(TV Discursive)进行分析,而不是一般研究中常使用的纸媒材料;针对美国国内公众开展的民意调查及其结果数据是对气候规范在美国国内合法性基础的重要分析资料和数据,此类数据主要采用了洛普民意研究中心[4]档案库中的数据资料。

---

[1] Andrew Bennett, "Process Tracing: A Bayesian Perspective", in *The Oxford Handbook of Political Methodology*, Janet M. Box-Steffensmeier, Henry E. Brady, and David Collier ed., New York: Oxford University Press, 2008, pp. 702-721.

[2] 感谢埃默里大学 Robert W. Woodruff 图书馆数据中心对数据收集和整理提供的研究协助。

[3] 范德比尔特电视新闻档案是世界最全的电视新闻档案,记录、保存和提供了从1968年至今的美国电视新闻报道网络的所有新闻。

[4] 康涅狄格大学的洛普民意研究中心是世界上顶级的社会科学档案数据库之一,主要收集了大量的民意调查结果,涵盖了从20世纪30年代至今的大量民意调查结果,大多数是关于美国国内的民意调查。

（二）章节结构

本书主要分为四个部分。

第一部分为绪论和导论，其中第一章导论主要对本书的整个结构安排和框架进行了介绍，分为"研究问题与选题原因""前提假定与研究假设""研究方法与章节结构"三个小节，对本书的选题和基本逻辑推理过程进行了简明的论述。

第二部分为理论核心，即第二章和第三章。通过第二章的文献回顾，特别是对规范传播研究的国际和国内指向进行分析，在梳理文献的基础上对本书的研究问题进行定位，确定研究问题的意义和创新所在；并且进一步地对本书的本体论进行了说明，对"语言实践本体"进行了分析，为后文的理论建构和案例验证奠定基础。在随后的第三章中对本书的核心理论框架进行了论述，再一次阐述本书的研究假设，行为体在语言实践中的策略选择充分体现了行为体的能动性，能够影响规范传播的进程。

对于本书的研究问题，既有研究所做出的解释可以概括为两个方面：一是理性主义的解释，既有围绕权力和利益对美国气候政策选择所做出的传统解释，也有从全球治理角度对国际气候制度的建立进行的分析，还有对美国国内政治及其多元属性的分析等；二是建构主义学者对规范传播进程的各种影响因素进行的研究。通过对文献的梳理，可以发现这些现有解释在面临本书所研究问题时都存在不足之处。在规范传播的研究中，无论是强调规范倡导者还是规范接受者的研究都忽视了行为体能动性的真实体现，即其在语言实践过程中的策略选择。由此，在第二章对语言实践进行说明之后，第三章则对核心概念"策略"等进行了界定，强调规范传播过程中的实践本质，而行为体的策略选择是其在实践中对结果产生影响的动力因素，是行为体的策略真正改变了实践的结果（并不是所有实践都能产生效果或效果大小不同）。

第四、五章为第三部分即案例部分。第四章从国际气候规范与气候谈判进程的大背景出发，对美国及《京都议定书》在国际气候变化进程中的地位和关系进行了分析,为接下来的案例检验提供研究背景,并且对国际气候规范在美国国内传播的国内环境进行了分析。这一部分虽然是背景性阐述,但是对接下来的关键的案例验证部分有重要意义。第五章则对国际气候规范的国内挑战者如何在语言实践活动中通过策略选择改变了国际气候规范的传播进程。美国退出《京都议定书》的外交决策既是本书研究的具体问题的来源,也是理论假设的检验案例。在案例的研究上,本书采用了过程追踪的方法,对克林顿(Bill Clinton)政府和小布什(George W. Bush)政府时期国内政治联盟在气候问题上所进行的语言实践及其策略选择进行了分析。

最后,根据案例检验的结果,第四部分中的第六章得出了本书的结论,对基本结论和现实意义进行了总结,指出本书可能存在的不足之处,并指明可供未来进一步研究的方向。

第二章　文献回顾与语言实践本体分析

对美国退出《京都议定书》原因的现有解释主要可以概括为如下两个方面:一是理性主义解释,既有传统的从现实主义的权力思维和自由主义的国家利益考量出发进行的分析,也有从全球治理的角度进行的研究,还有对美国国内政治及其多元属性的分析,但是总的来说都可以划归理性主义的研究框架之内;二是从观念和规范传播的角度进行探讨,特别是规范传播在近些年的兴盛,理论和具体案例分析都有不少涉及。这些研究在理论流派上涵盖了三大主流体系理论,在分析层次上也包括了体系和单位层次的分析视角。总体来说,这些研究都能够部分地解释美国退出《京都议定书》的原因,但是在回答本书提出的研究问题时依然存在不足。

一、文献回顾

(一)理性主义解释

1.权力与利益

主流国际关系三大体系理论中的结构现实主义和新自由制度主义,虽然在基本的政治哲学立场和问题解决方案上差异很大,但在总体方法论上并无本质区别,都主要运用理性主义的研究范式。[①]理性主义假定前提的最核心特点便是假设个体在做出某项决策或行动时,会通过成本-收益的

---

① 胡宗山:《西方国际关系理论中的理性主义论析》,《现代国际关系》2003年第10期。

比较分析来追求利益的最大化。在这个基础上，以理性主义为研究范式的西方两大体系理论都包含如下这个前提假定：在无政府状态的国际社会中，作为基本行为体的国家是理性的，即国家会根据无政府状态所赋予的先验身份和利益动因，根据利益最大化的原则采取行动。

因此，国家所有行为的动因和解释都可以通过对权力和利益的追求进行分析。事实上，在美国退出《京都议定书》问题的解释上，现有政策性或政治评论更倾向于从美国的利益、权力和现实性出发进行分析，批判美国退出《京都议定书》的举措。通常认为美国虽然口头上支持全球气候合作，一旦涉及自身利益时便会采取双重标准，退出《京都议定书》是可以预料的。

就经济利益来说，各国都关注本国经济发展问题，为什么其他国家通过了《京都议定书》，而美国却以经济问题为借口退出？难道美国比其他国家更看重经济发展，或者说美国更难承担经济发展受到损害的成本？实际上，澳大利亚和日本在减排和经济发展的矛盾上更为突出，也更为脆弱，这也是这两个国家在一开始对国际气候规范较为抵抗并较迟同意通过《京都议定书》的重要原因。按理来说，如果仅仅从经济利益角度出发，那么布什政府应当继续进行谈判以求降低实施温室气体减排所需要的经济成本，而不只是做出退出《京都议定书》这样极端的决策。事实上，就在美国宣布退出《京都议定书》以后，日本等国通过在国际谈判中讨价还价，被允许大量利用治理森林而形成的碳汇来抵消其本国的温室气体实际排放量，从而大大降低了其减排成本。[1] 对此的另一个解释则是，虽然美国不如日本等国受到减排造成的经济损失那么严重，但是美国所具有的世界一等大国地位所具有的权力使得它能够为所欲为，在面临自身经济利益受损的情况下能够顶住国际社会的压力，我行我素。类似解释，在美国做出各种不顾国际社会反对和抗议做出单边国家行为时都会出现。

---

[1] 董勤：《安全利益对美国气候变化外交政策的影响分析——以对美国拒绝〈京都议定书〉的原因分析为视角》，《国外理论动态》2009年第10期。

理性主义的解释很容易让人认可,因为现代社会的兴起和文化构成便是理性占主导所推动的,但是却存在很大程度上的解释随意性。虽然这些都似乎能够用国家对权力和利益的追求来进行解释,但是什么是一国在某时某事上关注的权力和利益? 至今为止,权力和利益的定义都不是很明确。为什么一国会认为接受某个国际规范是有利于或不利于自身物质利益和相对权力诉求的? 为什么美国会在积极推动《蒙特利尔协议》、签订《公约》和1998年签署《京都议定书》时认为国际气候规范符合国家利益和权力诉求? 是什么原因使得政府精英和国内社会成员相信和支持国家接受或拒绝某个国际规范?

2. 全球治理与集体行动逻辑

由于全球气候问题的特性,涉及公共产品和公共选择的问题,因此在论及这个问题时,新自由制度主义中的集体选择理论通常是一个很好的解释选项。作为一种公共产品,全球气候问题的改善可以让地球上的所有国家都获益,而不管某些国家是否做出了贡献和努力,由此,搭便车的行为便很可能出现。

当然,这个理论的前提假定也仍然是理性主义对人的理性和追求自我利益最大化的设定。正因为个体是理性的,在面临公共产品问题时,必然选择成本最小的方式即搭便车,来获得与其他付出了成本一样的收益。在这种情况下,所有个体都会倾向于选择不付出成本或尽量少付出成本来获得收益,“三个和尚没水喝”的情况便会出现,以至于最后没有人能够获得公共产品,导致了最差的结果。所有事关全球公共产品的提供的问题基本都面临这个困境,因为有理性、寻求自我利益的个人不会采取行动以实现他们共同的或集团的利益。[①]多数成功的案例主要归功于大国或国际组织的推动和倡导,当然其中也有一些小国游说推动成功的例子。不过,这种

---

① [美]曼瑟尔·奥尔森:《集体行动的逻辑》,陈郁、郭宇峰、李崇新译,上海:世纪出版集团,2010年,第2页。

研究视角的当然归宿之一便是强调集体行动中的强制性和有力的领导者的作用。典型的便是罗伯特·吉尔平(Robert Gilpin)的霸权稳定论,只有大国才能提供有效的公共产品,保证全球政治的和平和经济的正常发展。因此,在这种情况下,这种理论更容易证明"美国参与全球气候变化进程是气候问题得到解决的必要条件"这一命题,对于回答为什么美国会退出《京都议定书》的问题却不是那么有力。这最多只是说明公共产品和公共选择问题上所存在的搭便车现象的确是影响国家作为国际社会的行为体积极参与和贡献的重要因素,却无法说明特定国家(美国)为什么会采取与其他国家不同的行为——即便是在国际组织和非政府组织等国际规范的倡导者积极推动这一进程的情况下。或者,会再次回归到成本-收益计算问题上,因为缺少收益刺激而导致国家不作为或不愿作为。[①]这类研究有助于为制度建设提供建议,但是正如前文所述,国家对成本-利益的判断标准值得深究。

3.制度选择

除了大国的领导以外,能够保证公共产品供给的还有制度,这是新自由制度主义对现实主义的挑战所提出的核心概念。基欧汉(Robert O. Keohane)把国际制度界定为"连贯一致并相互关联的(正式或非正式的)成套规则,这些规则规定行为角色,限定行为活动,并影响期望的形成"[②]。因此,制度具有提供信息、形成预期、降低交易成本等特点。被设计出来合适的制度,能够帮助利己主义者即使在没有霸权国家存在的情况下也能够进行合作。因此,可预见的报复和政府信誉受损等后果,便会成为理性利己主义者遵守国际合作的合理选择。

---

①如陈刚在博士论文《集体行动逻辑与国际合作》中主要论证了选择性激励因素和非集体性的收益对各国参与公共问题领域内国际制度的重要影响作用,参见陈刚:《集体行动逻辑与国际合作》,外交学院国际关系专业博士学位论文,2006年。

②Robert O. Keohane, *International Institutions and State Power: Essays In International Relations Theory*, Boulder: Westview Press, 1989, p. 3.

因此,基欧汉和克拉托赫维尔(Friedrich Kratochwil)把规范制度化视为规范得到广泛遵守的重要机制,强调制度建设,但是在《京都议定书》这个问题上这种解释显然是不成立的。随着时间的推移,可以说国际气候规范的制度化程度在不断提高,已经上升至国际法层面,而美国的对外行为却是逆潮流而行的,在国家声誉上所面临的成本显然是很大的。对制度的功能和有效性的解读同样无法合理解释这个问题。虽然规范的功能和有效性随着时空环境的变化而变化,但是任何规范的遵守或违背都会有一定的工具主义作用,无法解释何时国家会接受哪一种工具主义作用解释。在国际气候规范这个问题上,美国在选择遵守国际规范或迎合国内规范需求,都可以从功能上进行解释,但也都无法解释为何美国会认为某种规范更加符合其国家利益。

总而言之,无论是上面权力和利益的理性主义解释,还是具体理论所提到的霸权国作用及制度的保障解读,都存在这些问题,理性主义国际关系理论无法对此进行充分的解释和说明。而建构主义研究则正是在批判理性主义这方面缺失的基础上兴起的,试图解决国家身份和利益偏好的问题,规范传播的目的正是为了改变和影响国家对身份和利益的认识。因此,对于本书中提出的问题来说,核心在于为什么国际规范无法成功发挥建构作用,特别是在国内规范与国际规范契合的情况下,为什么国家会拒绝国际规范对身份和利益的塑造。

4.美国国内政治及其多元属性

层次分析的研究方法通常假定某一个层次或某几个层次上的因素会导致某种国际事件或国际行为,从而为国际关系的研究者提供了一种建立变量之间关系的工具,使得国际关系的研究更具有科学性。[①]从分析层次来说,如果说前述分析是从体系层面对国家行为进行的探索,那么打开国家黑匣子,探究国内政治对国家行为的影响则是理性国际关系理论的另一

---

①秦亚青:《层次分析法与国际关系研究》,《欧洲》1998年第3期。

个研究视角。从20世纪七八十年代结构现实主义引领了国际关系研究的体系研究潮流开始,之后的主流国际关系理论如新自由制度主义和建构主义等都着重从体系层面开展研究,但是此后,由于体系理论在解释国际事件上的不足,特别是没有预见到冷战的解释和苏联的解体等重大国际体系转型,学术界开始向国内政治和个体层面研究的回归,开辟了一个新的研究视角。所以即便关注国内政治的研究同样无法脱开理性主义成本-收益和权力的基本核心要点,但是在分析层次上的区别便值得我们将这两者分别进行阐述,这也是本书把对美国国内政治分析的文献另列一类进行分析的原因所在。对美国国内政治分析的文献通常引入国内因素来弥补体系理论在进程和动态分析上的不足。

例如,美国环境政治学家保罗·哈里斯(Paul G. Harris)主编的《气候变化与美国外交政策》主要就美国国内政治和对外气候政策进程之间的互动进行了多角度的分析。[1]总统与国会之间的权力分立、国内选举的重要性、公共决策模型理论等都成为分析美国国内政治影响其对外气候政策的途径。这类研究通常集中在各种次国家行为体对决策的影响上,比如政治领导人、官僚组织、立法机构、政治党派、利益集团、非政府组织和公众等。但是此类研究的一个最大的缺点便是虽然"开列出可能影响外交决策的尽可能多的要素,但是既不能确定哪一种因素更为重要,也难以判定它们之间的有机联系"[2]。这就相当于没有回答任何问题,因为政府的决策和国家行为在不同时候、不同事情上可能受到不同因素、不同程度的影响,无法确知到底什么因素起到了决定性的作用,也就无法对国家行为进行解释和预测。

此外,还有一些其他理论则通过融合国内、国际因素之间的互动,试图用一种综合性的、整体化的方法来考虑国际关系和国内政治。薄燕在《国

①Paul G. Harris ed., *Climate Change and American Foreign Policy*, New York: St. Martin's Press, 2000.
②薄燕:《双层次博弈理论:内在逻辑及其评价》,《现代国际关系》2003年第6期。

际谈判与国内政治：美国与〈京都议定书〉谈判实例》一书中，便运用了普特南的双层博弈模式对美国在参与国际气候谈判中的外交决策进行解读。所谓双层博弈，即认为进行国际谈判的政治家在国际的谈判桌上与其他国家代表进行谈判的同时，也在国内的谈判桌上与那些有权批准和实施协议的行为者谈判，而美国对《京都议定书》的外交决策和行为是其政府首脑进行双层博弈的结果，其中政府首脑所采取的策略会影响国内的获胜集合的规模，从而决定在国际层面国际谈判成功和国内获得通过的结果。这类研究集中于谈判过程中的策略互动，在理性主义的前提假定下，仍旧把政府领导人、公众等各种参与行为体的偏好视为预先给定的。事实上，不仅行为体的偏好会发生变化，不同行为体之间也存在偏好冲突，那么解释不同时期的结果变化就变得很重要，但这一点恰恰是所有理性主义研究所无法解决的问题。

（二）建构主义的规范传播研究及其国际和国内指向

洛伦·卡斯（Loren R. Cass）认为，物质利益和相对权力位置并不能够充分解释一国国内和国际气候政策的演变，规范性争论（normative debates）是解释国家应对气候变化政策一个不可忽视的内容。通过对美国、英国和德国气候变化政策的研究，卡斯认为国内政治不同党派及其支持者就分歧甚至对立观念展开辩论与妥协，最终决定了国家选择接受何种新规范。[①]这种规范性争论似乎与规范在国际社会中与其他规范竞争国际合法性的过程极为相似，相似或对立规范都在彼此竞争生存权，因此以竞争的角度来研究规范传播和演化问题的文献也不少。[②]规范竞争似乎能够为规范演

---

①Loren R. Cass, *The Failures of American and European Climate Policy: International Norms, Domestic Politics and Unachievable Commitments*, New York: State University of New York Press, 2006, pp. 219-232.

②如：Ann Florini, "The Evolution of International Norms", *International Studies Quarterly*, Vol. 40, 1996, pp. 363-389; 转引自周方银：《国际规范的演化》，清华大学国际关系专业博士学位论文，2006年。

变提供动力,不过仍然无法很好地解释本书提出的问题,即国内规范与国际规范一致时,为何国家会拒绝接受国际规范。既然不存在国际、国内规范的竞争问题,演变的动力因素便不存在了,无法解释美国退出《京都议定书》的行为。而根据前述卡斯提出的国内各党派及其支持者之间的规范性争论,似乎可以认为国内存在对国际规范的不同声音,因此如果要从规范竞争角度考虑这个问题,那么研究重心便应该落在国内层面。即便如此,导致国内规范性争论结果的决定性因素也没有得到解答。

所以本书把策略这个自变量纳入了规范传播的进程中,认为是行为体的策略决定了国内规范性争论的结果,决定了国际规范能否获得国内合法性,从而实现规范的传播。行为体所采取的策略是其能动性的最佳表现。规范传播机制的研究中有一类研究重视规范倡导者的能动性,也对规范倡导者所采取的说服、传授等策略进行过深入分析,[①]只是这些研究关注的是国际社会中大多数成员接受国际规范的一种集体趋势,而不具体探究单个国家是否接受国际规范,因此在解释本书提出的问题上也是不完善的。另外,这类研究的前提假定之一是"规范倡导者在规范传播中的主体地位",因此往往忽视规范接受者的能动性。之所以引入策略这个概念分析规范传播的效果问题,是因为任何行为体都能够通过采取各种策略来推动自身倡导的规范、挑战他人传播的规范。从这个意义上来说,行为体的策略研究可以为规范传播的效果研究提供一个动态的解释机制。

由于本书的理论落脚点在建构主义的规范传播研究纲领之内,前提假定认同建构主义对规范和观念的建构作用,研究核心落在国际规范与国内规范一致的情况下,规范传播为何受阻。因此,本书也归属于规范传播机制研究范畴中,有必要对此类研究成果进行重点的文献回顾,以确立本书

---

①如黄超提出的说服战略,她认为规范倡导者的说服战略建构了国际规范传播的不同效果,并将说服战略具体细分为框定战略、联系战略和宣传战略三种战略。黄超:《说服战略与国际规范传播:以地雷规范与小武器规范为例》,外交学院博士学位论文,2006年。

理论创新点的位置和意义，并为接下来第三章的理论建构提供基础和依据。

　　近年来，大量的著作和文章都描述并阐明了国际规范倡导者的跨国倡议活动如何通过强迫、恫吓和说服来使国家决策者接受其所认为正确的事情。[1]其中一个很重要的研究焦点便是：为什么规范传播在有些国家或地区成功传播，但在另一些地方则失败了？[2]然而对于这个研究问题的答案却往往局限于很少的几个关键因素上，比如传播的规范能否和当地价值结构共鸣，是否有开放的公民社会的渠道及对不同群体进行动员的能力

　　① Michele M. Betsill, *Greens in the Greenhouse: Environmental NGO's, International Norms and the Politics of Global Climate Change*, Ph. D. thesis, University of Colorado-Boulder, 2000; Clifford Bob, *The Marketing of Rebellion: Insurgents, Media, and International Activism*, New York: Cambridge University Press, 2005; Darren Hawkins, "Explaining Costly International Institutions: Persuasion and Enforceable Human Rights Norms", *International Studies Quarterly*, 48（4）, 2004, pp. 779-804; ShareenHertel, *Unexpected Power: Conflict and Change Among Transnational Activists*, Ithaca, NY: Cornell University Press, 2006; Felix Kolb, *Protest and Opportunities: The Political Outcomes of Social Movements*, Chicago: University of Chicago Press, 2007; Richard Price, "Reversing the Gun Sights: Transnational Civil Society Targets Land Mines", *International Organization*, 52（3）, 1998, pp. 613-644; Richard Price, "Transnational Civil Society and Advocacy in World Politics", *World Politics*, 55, 2003, pp. 579-606; Thomas Risse, Stephen C. Ropp, and Kathryn Sikkink, ed., *The Power of Human Rights: International Norms and Domestic Change*, New York: Cambridge University Press, 1999; Thomas Risse-Kappen, *Brining Transnational Relations Back In: Non-State Actors, Domestic Structures, and International Institutions*, Cambridge, UK: Cambridge University Press, 1995; Kenneth R. Rutherford, "The Evolving Arms Control Agenda: Implications of the Role of NGOs in Banning Antipersonnel Landmines", *World Politics*, 53（1）, 2000, pp. 74-114; Suzanne Staggenborg, *Social Movements*, Oxford, UK: Oxford University Press, 2008; Sidney G. Tarrow, *The New Transnational Activism*, New York: Cambridge University Press, 2005; Charles Tilly, *Social Movements, 1768-2004,* Boulder, Colo., and London: Paradigm Publishers, 2004; Paul Wapner, "Politics Beyond the State: Environmental Activism and World Civic Politics", *World Politics*, 47（3）, 1995, pp. 311-340.

　　②Richard Price, "Transnational Civil Society and Advocacy in World Politics", *World Politics,* 55, 2003, pp. 579-606.

等。①根据不同的关注视角,这些研究可以根据行为体不同分为关注规范倡导者或规范接受者两类;也可以根据不同的研究层次分为体系和个体层次的研究。但总的来说,可以概括为两个不同指向的研究:国际因素决定国内因素,或者国内因素决定国际因素。

二、实践转向与语言建构

进入20世纪90年代以后,科学哲学领域出现了继社会学转向之后的一个新的发展趋势,即实践转向(practice turn),从关注作为知识(或表征)的科学向作为实践的科学转变。在此之前,客观性的标准都在于科学以外,不管是自然还是社会;而对于作为实践的科学而言,客观性的标准就在于其自身、在于实践,因为科学本身就成了实践。②因此,实践科学强调实践中的操作性及这种操作性中的偶然性和不可还原性,突出过程的意义。

(一)科学知识社会学的实践转向

诞生于20世纪70年代的科学知识社会学(Sociology of Scientific Knowledge,SSK)是科学的社会研究的一种方法,由社会学领域爱丁堡学派发起,代表着科学社会学的主流。科学知识社会学最大的成就,或者说对传统科学社会学的挑战,就是把科学的人类和社会的维度置于首要位置。我们可以这样认为,科学知识社会学使科学中的人类力量主题化,认为科学知识的生产、评价和使用,受制于人类力量的约束和利益。③到了80年代末,情况发生了变化,科学知识社会学内部开始出现新的研究方法,进入

①Doug McAdam, John D. McCarthy, and Mayer Zald, *Comparative Perspectives on Social Movements*, Cambridge, UK: Cambridge University Press, 1996. Felix Kolb, *Protest and Opportunities: The Political Outcomes of Social Movements*, Chicago: University of Chicago Press, 2007.

②刘鹏:《科学哲学:从"社会学转向"到"实践转向"》,《哲学动态》2008年第2期。

③Andrew Pikering, *The Mangle of Practice: Time, Agency and Science*, Chicago: The University of Chicago Press, 1995.

了后科学知识社会学研究,其最为突出的特点便是转向科学实践的分析。

在当代语境中,实践转向最重要的思想来源无疑是海德格尔(Martin Heidegger)和维特根斯坦(Ludwig Wittgenstein)。[1]海德格尔认为,人与物之间的实践一体性先于理论(theoria),因此实践的源始性与存在论上的优先性得到了前所未有的张扬,通常被称为实践整体论(practical holism)。维特根斯坦的遵守规则论则是实践转向的另一个思想来源:遵守规则是一种实践。

那么到底什么是实践呢? 必须承认的是,实践转向并不具备同一的理论基础,实践理论家不仅持有不同的研究方法、旨趣和目标,甚至对于实践概念本身也远未达成共识。[2]不过,也许正是因为实践理论的支持者反对的正是传统理论哲学追求世界唯一本原和真理,转而关注人在世界中的具体的生存状态,积极拓展哲学在人类生活中的实践意义。而人类的生活实践在不同的场域[3]具有不同的意义,只能在它所在的那个场域才能理解,这样意义的流动性和实践的复杂性便得到了强调,脱离传统理论哲学向非本质主义转向了。例如,维特根斯坦在其后期的语言哲学中所提出的不同"生活形式"中的"语言游戏"理论便代表了他的哲学理念从理论哲学向实践哲学的转向:语言只有在一定的语境(生活形式)下才具有意义,世界也并非只有一个语言游戏(即某一特定的结构),而是有多少种语言描述的方

---

①David Stern, "The Practical Turn", in Stephen Turner, and Paul Roth ed., *The Blackwell Guide to Philosophy of the Social Sciences*, Oxford: Blackwell, 2003, p. 188.

②孟强:《当代社会理论的实践转向:起源、问题与出路》,《浙江社会科学》2010年第10期。

③场域的概念取自于皮埃尔·布迪厄的定义,即把场域界定为各种客观力量被调整定型的一个体系(其方式很像磁场),是某种被赋予了特定引力的关系构型,这种引力被强加在所有进入该场域的客体和行动者身上。每个场域都规定了各自特有的价值观,拥有各自特有的调控原则,在这样的空间里,行动者根据他们在空间里所占据的位置进行着争夺,以求改变或力图维持其空间的范围或形式。参见[法]皮埃尔·布迪厄等:《实践与反思:反思社会学导引》,李猛等译,北京:中央编译出版社,1998年。

式,就有多少种世界的组合方式。所以实践概念的混乱和模糊不清也就可以理解了。似乎正如斯蒂芬·特纳(Stephen Turner)所说的:"实践看起来是20世纪哲学的消失点(vanishing point)。这个世纪的主要哲学成就,现在被广泛理解为有关实践的主张,即便它们最初不是用此种语言表述的。"①但是对于实践的理解,不同理论家在一定程度上还是具有一些共同认可的基本含义的,否则对实践的研究就不可能发展得如此如火如荼。

首先,实践转向的理论研究的核心便是实践本体论。人的实践活动产生了社会意义和包括规范、观念、文化等在内的社会因素。②所以社会存在或者说社会结构的本质是由人(行为体)的实践所决定的。或者从另一角度说,实践转向典型地代表了萨特"存在先于本质"的论断。因为本质是具有情境和历史依赖的,是由行动者的存在(existence)所决定的。③行为者只有在实践过程中才具有实在意义,世界也正是在此实践过程中被赋予意义和具体化的。因此,我们只能在追随行动者的实践过程中历史性地考察社会的本质。所以实践本体论的支持者特别强调动态、多元和进程,与传统理论重视静态、单一和结构进行割裂。

结构与行动或者说行为体与结构、个人与社会的关系一向是社会科学一般理论中争论已久的问题。在这个问题上,实践理论与传统理论最大的区别便是突破了现代西方社会理论界中主流的结构决定论的束缚。但是其又与强调个体的各种理论学说明显不同:社会实践理论的出现,就是要通过对充当连接主观与客观的桥梁和纽带的社会实践的基础和动因的探讨,弥合横亘在客观主义与主观主义、机械论与目的论、结构必然性与个人

---

① Stephen Turner, *The Social Theory of Practices*, Chicago: The University Chicago Press, 1994, p. 1.

② 朱立群、聂文娟:《国际关系理论研究的实践转向》,《世界经济与政治》2010年第8期。

③ Bruno Latour, *We Have Never Been Modern*, translated by Catherine Porter, Cambridge, MA: Harvard University Press, 1993, p. 86.

能动性之间的巨大鸿沟。①从这个意义上说,实践作为本体能够解决原有理论所面临的解释困境,所以它是更接近真实世界、代表社会本质的。

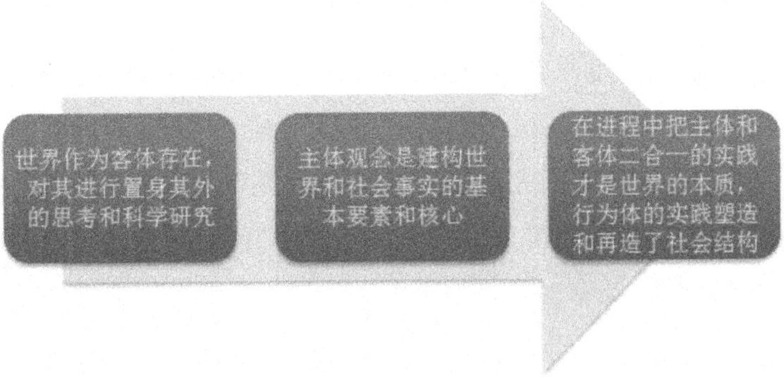

图2-1　现代西方哲学研究核心理念的发展进程简易图

由此,现代西方哲学研究经历了从客体到主体再到实践的发展过程(见图2-1)。可以说,社会科学的变化源头通常始于哲学研究,正是哲学研究向实践的整体转向,带领了包括语言学、社会学、人类学、政治学等其他各个分领域的社会科学通过不同路径向实践研究发展。

其次,实践是摆脱二元对立的方式,如主体与客体、事实与价值。实践理论家反对简单地把研究者或行为体看作旁观者的知识论,倡导放弃理论优先的哲学方案。人类的实践既隶属于他们所处的客观的因果世界中,进行实践的人们却又是行动的主体,这样就摆脱了主体和客体相分离的二元对立的研究方式,通常把这称之为"涉身性"。比如后科学知识社会学研究代表学者之一的梅洛-庞蒂(Maurice Merleau-Ponty)在《知觉现象学中》提出的身体现象学就第一次把身体概念置身于中心地位,认为身体既不是纯粹的生理对象,也避免了意识的内在性和神秘性。②

---

①吕俊彪、周大鸣:《实践、权力与文化的多样性阐释——人类学的后现代主义转向反思》,《广西民族大学学报(哲学社会科学版)》2009年第4期。

②孟强:《当代社会理论的实践转向:起源、问题与出路》,《浙江社会科学》2010年第10期。

同样地,作为对象(客体)的社会事实所具备的价值或意义是由在这其中进行实践的人们所赋予的。在日常生活实践中,个体行为的确受制于社会结构和社会规范,在一定的场域中按照该场域特定的游戏规则进行实践。但是后者也只有通过个体实践行为的再生产才能存在,游戏规则的解读和再解读也必须由行为体来进行,事实和价值由此也得到了有机的统一。因此,事实不再是客观的事实,它也是作为行为主体的人类在实践活动主观上所创造的价值,而这个主观的价值又在行为体不断的实践中得以再造、稳定为客观事实,同时也为将来这个客观事实的抛弃或改变提供了可操作的空间和可能,社会结构的稳定性与流动性都能够得到体现。也因此,主体和客体、主观和客观之间的联系与流动性得到了充分的重视。

此外,实践转向的理论对语言实践与默会知识①之间的关系进行了阐明。社会事实是对象,但也是存在于现实自身之中的那些知识的对象,这是因为世界塑造了人类,人类也给这个世界塑造了意义。②20世纪很重要的一个学术转向——语言转向把语言看作世界存在的本质,认为人类赋予世界意义的方式便是通过语言行为。因为如果我们有不可说的东西,或者说世界上真的存在不可说之物,那么我们对这些不可说之物是根本无法诉说的,因而这样的东西既不存在于世界之中,也不存在于思想之中,当然更不存在于命题之中。③但是这种阐释受到攻击的一个核心就是默会知识的存在。在语言转向的大背景下,知识被当作命题系统。前期维特根斯坦便

①默会知识的概念首先由波特尼在1958年的著作《个体知识》中提出,又被称作"缄默的知识"或"内隐的知识",主要是相对于显性知识而言的,是一种只可意会不可言传的知识,是一种经常使用却又不能通过语言文字符号予以清晰表达或直接传递的知识。下文将对这一概念进行进一步的解析。Michael Polanyi, *Personal Knowledge: Towards a Post-critical Philosophy*, Chicago: University of Chicago Press, 1958.

②[法]皮埃尔·布迪厄等:《实践与反思:反思社会学导引》,李猛等译,北京:中央编译出版社,1998年,第7页。

①江怡:《从〈逻辑哲学论〉看西方哲学的实践转向》,《哲学动态》2011年第1期。

秉持这种理念,即认为世界是事实的总体,所有的事实(tatsache)都可以化约为事态①(sachverhalt),②与世界是事实的总体相对应,语言是命题的总体,因此语言便和世界有了一个共同的本质和逻辑结构。实际上,这就和上文提到的实践转向的支持者对传统理论哲学的抨击的本质性研究相一致,即追求世界的本质、真理。

但是实践转向的支持者认为,这种命题性的知识概念并不能涵盖所有知识,比如默会知识。波兰尼(Michael Polanyi)认为,默会知识是不可表达的、非编码化的,③因此默会知识便是那些未曾说甚至不可说的东西,但它的确存在并作为社会结构中很重要的一部分。虽然未曾说不可说,但是行为体的实践能够确知默会知识的存在。从这个程度来说,实践转向的确能够解决语言哲学无法回答非命题和不能言说的默会知识的不足。但是语言本身如何按照实践的方式加以说明却是实践理论家至今未曾给出明确答案的一个缺失,语言是否真的是动态的社会实践还是静态的命题系统都没有得到明确地解答,如何在社会、物质和文化的客观事实中研究语言实践还缺乏一个合理的连接点。

(二)语言建构与实践理论

上文提到的20世纪学术界的语言转向(liscursive turn)也在很大范围内影响了社会科学各个领域的研究,开辟了从语言研究的角度探索社会本质的新的视角,有众多的支持者,当然也不乏批评者。

现代语言转向理论被认为始于德国哲学家维特根斯坦的语言哲学,④他指出语言的使用是人们对世界现实进行构建的一种行为方式。基本上,语言转向的前提是:语言具有建构性和结构性,语言表述形成的话语建构

---

①这里的事态是指最简单的事实,不能够进行再分解。

②刘林:《维特根斯坦"语言游戏"的实践哲学转向》,《外语学刊》2009年第4期。

③孟强:《当代社会理论的实践转向:起源、问题与出路》,《浙江社会科学》2010年第10期。

④刘放桐等编著:《新编现代西方哲学》,北京:人民出版社,2000年,第264页。

了人们对世界的认识、知识和常识,语言是一种建构社会现实的意义结构。维特根斯坦的语言哲学研究进程充分体现了实践转向在社会科学研究中的影响力。正如前面提到的,在他前期的研究中,试图探索语言作为命题总体与世界共有的同一个本质和逻辑结构。后期维特根斯坦意识到,语言与世界这种逻辑上的对应同构关系只不过是一种假定,事实上我们无法看到世界具有这样的逻辑结构。[①]在日常生活中并不存在统一的语言逻辑形式,而是根据不同的语境呈现不同的意义,多元、动态的语言逻辑形式组合成了多种多样的世界逻辑结构,并不存在一个同一的逻辑本质。语言的含义不在于它是否反映了事物的本质,而在于人们在社会沟通中以一定的方式对语言加以应用,即他所称的"语言游戏"。[②]所以语言的重要意义不在于它和世界之间相互吻合的逻辑结构或者说本质,重要的是人们如何在不同生活形式的实践中使用语言。

至于为何要进行实践转向,另一个很重要的原因便是上述提到的默会知识的问题。没有言明或不可言明的知识的存在对语言作为命题体系代表世界逻辑本质是一个巨大的挑战,这就意味着语言并不是世界的本体,不能涵盖世界所有存在,还存在很重要的一部分知识是被语言所遗漏的,即默会知识。而实践概念的引入则解决了这个问题:默会知识虽然是非命题或不可言明的,但却可以通过人们的实践感知,是能知的,以此弥补了语言哲学的不足。那么把语言理解为语言实践是否便能够解决默会知识的问题呢?

由此得到问题一:语言实践与默会知识之间的关系为何?

在回答这个问题之前,还有一个很重要的问题需要回答——实践转向为何仍然需要重视语言。因为如果对于语言研究来说,实践转向能够解决其从前无法回答的问题,那么实践本身便已经足够,便不需要再对语言施

---

① 刘林:《维特根斯坦"语言游戏"的实践哲学转向》,《外语学刊》2019年第4期。
② 刘永涛:《语言、社会建构和国际关系》,《现代国际关系》2004年第11期。

加更多关注了。对于实践理论来说，最受到抨击和致命的问题则是如何解释实践的传递。实践是社会的，所以必然是可以传递的。但是正如上面所述，实践之所以能够解决语言研究中对默会知识的回答困难，正是因为实践本身所具有的默会性抵制编码化、不可见性抵制模仿等特质。那么这样一种虽然是公共的，但又是不可见的东西，如何为个体所共享呢？实践被假定为共享的，而且应该是，相同的实践可以传递到其他人那里的。[1]但是如何描述和解释这个传递过程呢？如果无法解释同一个实践是如何传递到不同人那里成为共享知识，那么特纳的结论便是对的：必须放弃模糊的实践概念，实践转向是一场错误的转向。[2]根据约瑟夫·劳斯的回答，实践本身就是规范，作为规范的实践无须诉诸外在的规范标准，群体成员之间的相互作用不断建构着规范，并且不断修改着规范。[3]这样也就不存在传递问题了，因为不需要一个预先给定的共同的原则，只需要共同体成员之间的相互作用。也就是说，实践不需要是共享的，而是通过社会成员的实践达成共享。

　　但是在笔者看来，这个回答仍然无法完全回答特纳对实践传递问题的质疑。第一，实践理论虽然强调摆脱主、客体的二元对立，行为体实践的社会环境仍然在一定程度上限制着主体的行为，除非是在"神创世纪"的开端之时，主体不可能在一个真空的环境中进行互动和建构社会事实。在一个特定场域中的实践行为，需要遵从特定的规范，即便实践活动是再造和改变规范的活动，因此行为体之间的实践互动便需要互相传递行为规范这一功能的存在，行为体之间也的确需要交换实践的传递渠道。第二，即便实

---

①Stephen Turner, *The Social Theory of Practices*, Chicago: The University Chicago Press, 1994, p. 79.

②孟强：《当代社会理论的实践转向：起源、问题与出路》，《浙江社会科学》2010年第10期。

③同上。Joseph Rouse, *Engaging Science*, Ithaca and London: Cornell University Press, 1996, p. 138.

践活动的结果达成的是局部规范,是"做什么"的规范,社会成员之间的实践互动最终是会达成共享观念的,哪怕是局部共享。就算不存在一个预先假定的共同原则(显然不甚可能),而是在相互作用中建构和修改规范,最终被社会成员认同的、通过实践达成的共享规范也需要一个传递的过程:因为实践转向的核心是通过实践来传递和构成共享社会知识、创建社会结构,而不是绕开传递过程本身。所以实践活动的始与终都存在一个共享观念的存在,凡是共享的,便无法回避传递这个问题。实际上,所谓规范传播,最终目的就是为了实现规范的社会化,而这个社会化也就是规范成为社会成员的共享知识,虽然社会成员个体所拥有的关于此的个体知识也是同时存在的,但并不能否认他们对此所形成的共享知识。

因此便有了问题二:实践是如何得到传递的呢?

实际上,这两个问题可以结合起来一起进行思考和回答。所谓默会知识,就是那些镶嵌于实践活动之中,非命题和不能言明的知识,但是可以通过实践来被感知,是能知的。其本质上是一种理解力、领悟力、判断力,例如在鉴赏活动中的趣味、眼光等。因此,通常认为默会知识相对于明确知识具有逻辑上的先在性和根源性。[1]作为明确知识对应的概念所提出的默会知识被认为是自足的,明确知识必须依赖于被默会地理解和运用。"因此,所有的知识不是默会知识就是根植于默会知识。"[2]获得默会知识的根本途径只有通过行为体对实践的参与,所以语言实践只是生活实践中的一部分。但是因为默会知识在逻辑上的先在性,语言实践必须植根于获得默会知识实践中。因此,不能把实践一分为二为语言实践和行动实践(获得默会知识的实践),二者并不是简单相加的关系。语言实践必须以默会知

---

[1]关于默会知识的确证,实验心理学有关阈下知觉的实验证实了默会知识并非一种神秘的经验,而确实存在于人们的认知系统中。在此并不对默会知识的理论构建进行过多地阐释,而是专注于解释和分析默会知识在理解语言实践这个概念上的作用。

[2]Michael Polanyi, *Knowing and being: essays by Michael Polanyi*, London: Routledge, 1969, p. 8.

识为基础,建构和交流那些可以言明的实践
知识。那么是否可以认为默会知识代表了
劳斯所说的那种不需要传递的共享实践呢?
事实上,默会知识恰恰是被当作"个体知识"
的存在而提出来的,强调默会知识和认识主
体之间的不可分离性。所以默会知识必须
是行为体实践的起点和基础并最终需要到
达的终点,但是这个过程中需要经历实践的
传递和达成共享,之后再次成为个体私有的
知识,但是已经不再是最初行为体所拥有的
那个默会知识(见图2-2)。而这个传递的实
践过程便是行为体的语言实践。

图2-2　行为体实践进程流程图

这样,上述两个问题便都得到了回答:语言实践根植于默会知识,实践
通过语言来传递,语言实践是社会成员之间达成共享规范的通道,而共享
规范既是社会结构再造、改造的基本,也是行为体个体更新个体知识的来
源。所以本书并不否认文化结构等原本存在的社会观念结构对行为体行
为的影响力,因为行为体本身所具有的个体的默会知识在很大程度上来源
于社会文化结构,所以任何实践活动都是根植于一定文化环境的,可以说
实践必然是文化的,但是实践并不是被文化所控制的。这些根植于一定文
化的实践活动建构和再造着社会结构、先期存在着的这些观念基础是实践
活动的根据,但是并没有完全限制行为体能动性的发挥和创造,通过行为
体的不断的实践,原有的社会规范被再造,新的社会事实也在这个过程中
被建构出来。社会历史的变迁正是在人们的实践活动中发生的,不仅仅
是同一时代中的知识传递,也包含着历史的传承,都是通过人们之间不断
地互动实践得以跨越时空传递成为共享知识的。

(三)国际关系中的语言实践

国际关系研究作为社会科学中较为新兴的一支,其发展通常建立在其

他学科的理论基础之上,借鉴经济学、心理学、社会学等其他社会科学甚至还有一些自然科学的新理念。①但是在社会科学中处于最前沿的仍然是哲学思考和研究,因此伴随着20世纪90年代哲学领域的实践转向,近年来国际关系领域的研究也开始出现了实践转向,主要发生在社会学转向的基础之上。因为对实践的关注往往关系着对国际关系社会性因素的思考,所以研究前提自然是对国际体系社会性存在的认同,也就必然关注社会意义及包括身份、规范、文化等在内的社会性因素。而实践转向的结果则是认为国际关系研究最为基本和首要的对象应该是实践,强调行为体的能动性。②同样的,国家身份是国家在国际社会中与其他国家的互动实践中得到定义和再定义的。

但本书的研究焦点不仅仅是实践,而是上文分析的语言实践,这也是本书理论逻辑中的一个核心概念。所谓语言实践,本书将其定义为行为体通过语言行为进行互相作用,最终达成共享规范、建立和再造社会结构的过程。③在这里有三层含义:一是语言实践的表现形式是行为体的语言活动;二是语言实践的目的或功能是构建共享规范和社会结构;三是语言实

①例如,肯尼思·华尔兹的结构现实主义理论借鉴的是经济学中理性人的概念;罗伯特·杰维斯在其著作《国际政治中的知觉与错误知觉》中借鉴了心理学的研究结果,开创了国际政治心理学研究一派;而此后杰维斯在《系统效应:政治与社会生活中的复杂性》中则是借鉴了物理学中的混沌理论,探讨国际政治社会的复杂性;等等。通过借鉴其他学科的新思考和理论发展,国际关系理论的研究者进行创新研究,推动国际关系学科的发展。[美]肯尼思·华尔兹:《国际政治理论》,信强译,上海:上海人民出版社,2008年;[美]罗伯特·杰维斯《国际政治中的知觉与错误知觉》,秦亚青译,北京:世界知识出版社,2003年;[美]罗伯特·杰维斯《系统效应:政治与社会生活中的复杂性》,李少军、杨少华、官志雄译,上海:上海人民出版社,2008年。

②朱立群、聂文娟在《国际关系理论研究的实践转向》一文中概括分析了国际关系实践转向研究的研究旨趣在于推动对日常实践的关注,研究议程则包括对于施动者和结构关系的探讨以及对于社会因素生成和体系转换问题的进一步思考。朱立群、聂文娟:《国际关系理论研究的实践转向》,《世界经济与政治》2010年第8期。

③该定义是根据上文对语言建构、实践理论和默会知识关系的分析归纳所得的,为本书的理论建构和分析服务。

践的状态是动态的,是一个进程。可以从能动性和关系性两个方面来探讨语言实践在国际关系中的意义。

1. 能动性

实践转向对传统理论哲学的一个重要批判,便是对行为体能动性(也被称为施动性,即 agency)的忽视和对结构决定性作用的重视。对行为体能动性的关注并不是指在结构和行动(即主体与结构、社会与个人)的关系问题上倾向于主体和个人。事实上,社会实践理论的提出目的是要超越这种二元对立和非此即彼的分裂,只关注物质结构的客观主义物理学和只强调认知形式的建构主义现象学(Construction Phenomenology)都是走向了极端,需要建构一种总体性的社会科学。社会结构既是被行为体反复建构起来的实践活动的场域,也是实践的结果;对于个人来说,结构并不是什么外在之物,它们总是具体体现在各种社会实践,并且内在于人的活动之中。①

国际关系研究中的后结构主义和语言建构主义都是比较关注语言的,只是在后结构主义理论中语言更具本体地位。对语言的关注,在一定程度上必然包含对行为主体能动性的强调。所谓建构,就是把关注点转移到了"做功"的行为体身上了;而后结构主义所强调的语言的解构作用则更是把语言视为整个社会现实的起点,对其进行文本研究,"看文本过程和社会过程,在特定的语境中如何相互联系在一起,以及这种联系如何影响人们的言行"②。显然,后结构主义对语言本体地位的认定,明确了使用语言的行为体的绝对能动性。虽然后结构主义并不否认物质因素的存在,但是赋予意义给这些物质因素的却是行为体的语言实践。

①[英]安东尼·吉登斯:《社会的构成:结构化理论大纲》,李康译,北京:生活·读书·新知三联书店,1998年,第89页。

②孙吉胜:《话语、身份与对外政策——语言与国际关系的后结构主义》,《国际政治研究》2008年第3期。

对于建构主义理论来说,身份是很重要的一个变量,区别于传统的理性主义,建构主义认为决定利益从而决定国家行为的身份并不是预先给定的,而是存在改变和重新构建的可能。这就增添了对国际关系理论研究中的动态研究关注,只是对于身份的形成和变化重构没有更多深入的研究和分析。而后结构主义更进一步的创新便在于明确提出语言对身份的建构作用。语言建立表象,表象形成身份,对外政策依赖于身份的表象,同时身份通过对外政策的表象得到建构和再造。①这样看来,身份和对外政策的互构便是语言实践的过程,正是通过语言实践,身份在形成的过程中也不停地体现在对外政策上,而对外政策在推行中又不停地再造身份。因此,将研究焦点放在施行语言实践的行为体上便成为必然,行为体的能动性也必然得到最大限度的关注。

2.关系性

实践转向研究强调实践中的操作性和这种操作性中的偶然性与不可还原性,突出过程的意义。同样地,根据上述对语言实践的定义,语言实践是行为体通过语言行为进行互相作用,最终达成共享规范、建立和再造社会结构的过程,强调动态性的过程研究。过程的核心是关系。②这种关系性的强调至少体现在如下三个方面:

首先,行为体并不是独立的、相互分离的理性行为体,而是深嵌于社会中的行为体,必然处在社会错综复杂的关系之中。在国际关系中,国家行为体也是如此,国家从一开始就处在国际社会的关系网络之中,没有任何国家可以脱离这个置身其中的关系过程。因此,虽然语言实践关注的是行为体的能动性,但是却并不意味着否认现实世界的存在。因为即使行为体的实践是构建社会事实的基本要素,但是任何实践活动首先必然置身于从

---

①孙吉胜:《话语、身份与对外政策——语言与国际关系的后结构主义》,《国际政治研究》2008年第3期。

②秦亚青:《关系本位与过程建构:将中国理念植入国际关系理论》,《中国社会科学》2009年第3期。

前被实践活动建构起来的社会环境之中。而正是因为行为体彼此之间、行为体与实践活动的过程之间都是处于复杂的关系之中，这些关系的交错流动为过程产生了动力，所以过程是运动中的关系。

其次，行为体与社会事实之间的互构作用表明，行为体语言实践在实践过程中既建构了社会事实，与此同时，行为体也在实践过程中被塑造，定义和再定义自身和彼此的身份关系。这种互相影响的作用力实际上体现的正是行为体之间、行为体与过程，以及行为体与社会环境之间的关系，共同联结形成了关系网络。以身份为例，身份的界定必然是根据一定的社会关系所产生的。国家的身份，比如简单划分为朋友、敌人或者竞争对手，都是处于一定的国际社会关系中才可能得到确定，是根据国家与其他国家之间的相处模式和关系得以确立的。从某种程度来说，如果不考虑关系，那么便无法确定身份。同样地，身份的多样性体现的也正是行为体所处的不同关系。

最后，语言实践活动产生的效力取决于行为体的所能调动的"权力资源"，这种权力在本质上来源于关系，是关系性权力。本书并不否认西方主流国际关系理论对权力的理解，即所谓 A 具有的让 B 做 B 本不愿意做的事情的能力就是权力，这里明显阐述的是权力的因果逻辑，而这种因果逻辑的确是存在的。但是这种权力的实质却来源于关系。本书研究的语言实践的确最终会展示有权力的语言实践产生了怎样的效果，但是这个并不是本书的关注核心，因为现实结果是早已呈现在人们面前的，不需要过多去描述和阐释，"是什么"固然重要，但是"为什么"却更为迫切。因此，行为体的语言实践所调动的"权力资源"并不只是来源于物质资源，而更多地是来自于行为体对关系的运用。从这个意义上来说，行为体的语言实践实际上也可以看作是行为体通过自身行为对不同社会关系进行调整的过程，这个行为与关系相互结合的过程就是行为体的语言实践。

正如布迪厄(Pierre Bourdieu)所言,在充满竞争和冲突的场域①中,就仿佛是一个战场,参与其中的行为体彼此竞争,以确立对在场域内能发挥有效作用的种种资本的垄断——在艺术场域里是文化权威、在科学场域是科学权威、在宗教场域是司铎权威、如此等等——和对规定权力场域中各种权威形式间的等级序列,以及"换算比率"(conversion rates)的权力的垄断。②那么行为体在这些场域之中,如何通过不同的语言实践建构社会事实的同时更新自身的呢? 由此,便涉及本书的一个核心,即如何研究语言实践? 是什么导致不同行为主体在不同时空环境中的语言实践产生不同效果(或者说建构社会事实的不同结果)? 如前所述,本书所关注的行为体的语言实践在很大程度上是对行为体如何运用关系、操作"权力资源"的研究,这个研究的联结点便是"策略"。行为体的策略运用实际上便是行为体如何运用其所处的关系网络中的各种关系,从而调动起能够使语言实践发挥效力的权力资源的核心要素。如果说前述分析解决的是为什么要将语言和实践结合在一起对国际关系进行研究,那么提出策略概念就是为了解决如何在国际关系研究中对语言实践进行分析和运用。因此,第三章将对"策略"和本书的研究理论框架进行深入分析,是本书的理论核心。

---

①皮埃尔·布迪厄的两个核心概念场域和惯习的定义和使用同样体现了他在方法论上的关系主义定位,这两个概念都代表一些关系束:一个场域由附着于某种权力(或资本)形式的各种位置间的一系列客观历史关系所构成,而惯习则由"积淀"于个人身体内的一系列历史的关系所构成,其形式是知觉、评判和行动的各种身心图式。参见[法]皮埃尔·布迪厄等:《实践与反思:反思社会学导引》,李猛等译,北京:中央编译出版社,1998年,第7页。

②[法]皮埃尔·布迪厄等:《实践与反思:反思社会学导引》,李猛等译,北京:中央编译出版社,1998年,第7页。

第三章 语言实践中的策略选择

行为体在语言实践中的策略选择决定了行为体所能调动的权力（关系）资源，也从而决定着实践的路径，实践的结果也由此得以显现。但是本书对策略的定义并不是简单的所谓可以实现目标的方案集合、根据形势发展而制定的行动方针和斗争方法，或者有斗争艺术，能注意方式方法，这种定义方式造成的结果是把一切能实现目的的方法都收罗其中。本书根据语言实践的特点和实质对策略进行定义、分类和分析，提取出语言实践中的策略选择的关键特质。行为体的策略选择体现的是语言实践所强调的行为体的能动性，而策略选择的分类则体现的是语言实践中的关系性，语言实践所强调的能动性和关系性这两个特点在行为体策略选择的过程中得到结合和体现。

一、基本概念界定

（一）合理性、合法性及其分离

建构主义的一个核心问题是解释新规范如何和为何兴起、行为体为何会不顾相反的物质压力而遵从规范。[①]其中很重要的一个解释机制便是说服，通过说服，"行为体的行为成为社会结构，观念成为规范，而主体性转化

---

① Ronald R. Krebs, Patrick Thaddeus Jackson: "Twisting Tongues and Twisting Arms: The Power of Political Rhetoric", *European Journal of International Relations*, March, 2007, Vol. 13, p. 39.

为主体间性了"①。而这个被规范倡导者所推动,说服接受者予以接受的规范,必然需要具备合理性,即值得被接受的理由,而这种合理性往往被视为规范自身所有的客观属性。前文第二章文献梳理中也曾指出,现有文献通常把规范的普适价值作为其合法性的重要来源之一,即把规范视为普适的,认为规范在道德上的优势是其必须和必然传播的根本性因素,通过规范倡导者的教化,规范接受者的学习,当国际规范的接受者数量达到倾斜点时,规范得到了普及。正如有学者指出规范研究的这种"好规范偏见"对规范传播有所误读,奴隶贸易、酷刑等被多数人视为"坏规范"的规范同样会得到传播。任何规范的倡导者都认为自身支持的规范具有存在、传播和维护的合理性,并通过各种方式传播该规范。这里并不就规范的好坏进行进一步分析,而是指出规范所具有的"普适价值"并不是规范得以、值得传播的充分条件。进一步地说,具有"普适价值"的规范并不是都能成功传播、在不同地区和国家的传播效果并不一致这些事实都说明,规范本身的特性并不能够解答规范为什么传播或无法传播的问题。

事实上,合法性的获得才是规范得以接受、遵守进而内化的关键,而这种合法性的获得来源于社会成员的共识和授权。在这里,就需要对合理性和合法性进行分离。

首先,合理性是合法性的一个必要条件,但却并不是充分条件。任何规范要获得社会成员赋予合法性,都必须在合理性上(reasonableness)有所体现。所谓合理性,简单来说就是合乎日常情理的主观判断。那么对合理性的要求难道不是对规范自身属性的强调,从而回到上文所述现有文献同一个前提之上了? 既然合理性是基于人们对事物是否合乎情理的主观判断,这就意味着在根本上否认了对规范自身属性是否合理的客观判定了。也就是说,这种合理性并不是客观给定的,而是存在主观可变性,也就存在

---

①Martha Finnemore, and Kathryn Sikkink, "International Norm Dynamics and Political Change", *International Organization*, Vol. 52 (4), 1998, p. 914.

社会建构的可能。所以在这一点上,本研究与现有规范传播研究的区别便体现出来了,即认为规范本身的合理性在很大程度上由行为体建构出来,现在合理的并不代表将来或永远合理,现在不合理的也许经过时空变迁之后会变得合理,而这事实上的确与人类社会历史的变迁是相吻合的。如果采用布迪厄对场域的论述,那么这一点也是吻合的,因为不同的场域有着不同的逻辑结构。但是要获得合法性的规范必须体现出其合理性的一面,这是其获得合法性的必要条件。因此,一个规范要获得社会成员的认可成为具有合法地位的规范,必须要具备一个建构出来的合理性,而这个合理性存在改变的可能。需要强调的一点是,对合理性、可变性和可塑造的认定并不意味着否定诸如气候变化对全球人类生活资源的影响等自然科学结果的正确性,而是强调合理性的主观一面,即人们认为其是合理的状态,即可能气候变化对全球人类生活资源的影响的确是真实的,但是人们并不认可其真实程度,也就不可能通过和同意针对气候变化的政策和行为——这一点在现今美国国内社会中体现得越来越明显。

其次,规范的合法性地位会影响人们对其存在合理性的认同度。规范获得合法性会加强其合理性,而合法性地位的丧失虽然并不一定会使规范成为缺乏合理性的规范,但却是会逐渐腐蚀和削弱规范的合理性,甚至导致人们对其合理性产生质疑。也就是说,能够获得合法性的规范,必然具备合理性;具有合理性的规范,不一定能够获得合法性(现实中很多具有合理性的事物或规范、原则并没有上升到获得社会成员共识的地位);缺乏合法性的规范很难保持其合理性。换个说法,缺乏合法性的规范就好比被遗忘了,即便不被否认合理性,也会逐渐消失在社会视野之中,也就不必计较是否合理了,与被否认合理性的规范一样都是死亡的规范。对合理性本身的重视在一定程度上表现的是对理性的认识和关注。所谓合理性,仅从词语结构来看,便是符合"理性"逻辑的,是通过认识能够获取的客观知识,在一定程度上强调的是客观知识的客观存在,而人类是可以通过逻辑推理获知这些客观存在。所以本书对合法性(而不是合理性)的重视也在一定程度上体现了对理性主义理论的反驳。由此,也就把我们自己置身于这样一个位置:"我们知识的构成更多地依赖于我们自己而不是现实(reality)本身"[1],行为体的主观能动性便得到了强调。

图3-1 规范合理性与合法性关系示意图[2]

对规范合理性和合法性关系进行总结和分析,可以得到图3-1:规范的合理性具备一定的物质基础,但是主观建构的合理性才是社会成员达成共识的关键(这也是图中将物质基础字体标小的原因),是规范能否获得合法性的必要条件;规范合法性的获得和丧失则会再次影响人们对规范合理性的主观认识。这样对合理性和合法性进行分离,并且分辨出合法性对于规范传播的重要意义,实际上也是为了强调行为体的能动性。因为当我们确认,与可能并不存在的绝对合理性相比,得到社会成员认同的合法性地位才是规范得以传播和扩散的原因,那么显然对行为体的主观能动性的强调是超过对规范自身特性的关注的。所以对规范合理性和合法性之间的关系与属性进行分辨及界定,正是为了接下来对本书的核心变量——策略——进行深入的分析。

---

[1] Steve Shapin, Simon Schaffer, *Leviathan and the Air-Pump*, Princeton: Princeton University Press, 1985, p. 3.

[2] 因为合理性只是合法性的必要条件,所以并不在合理性和合法性之间设双向箭头,那样就会显得合理性是合法性的充要条件,而是在合法性之后再设箭头指明其对合理性的作用;合理性中所包含的物质基础是一个重要方面,但是比较而言,主观建构才是塑造意义的关键,所以这是图中"主观建构"的字体大于"物质基础"的原因。

(二)策略及其选择

在中国传统文化,尤其是政治和军事(兵法)文化中,策略是很重要的一个概念。比如在"世界三大兵书"的《孙子兵法》中,对策略的重视和分析可以说贯穿全书,强调的是根据形势的发展和变化所采取的多变的战术,能够使己方在战争中立于不败之地;毛泽东也曾在《反对本本主义》中提到:"社会经济调查,是为了得到正确的阶级估量,接着定出正确的斗争略。"①由此可看,策略的传统定义通常可以概括如下:为了实现一定的目标,根据可能出现的问题和状况制定相应的方案,而在随后的操作过程中,根据形势的发展和变化选择相应的、最合适的方案,或者对原有方案进行修改而制定新的应对方案,以期实现目标。因此,所谓策略,简单来说就是在一个实践活动过程中对如何实现目标所进行的思考、选择和行动。可以很明显地看出,这一类对策略的定义十分强调"因时而变"这个观念,体现了中国传统文化中的顺势而为的理念。

实际上,西方社会对策略的关注并不亚于强调"变通"文化的中国社会。比如西方提出的许多军事和政治策略,博弈论的理论和模型及其在现代社会商战中的策略运用等,都是对策略不同角度和领域的关注和运用。②和中国对策略的定义强调整体和变通不同,西方对策略的关注更强调怎么分析策略形成和运用的过程,进行了细化的分析。如果说中国对策略的关注更多是策略性的思维,那么西方则更多地关注策略形成和操作的过程。但是不管是更注重"思"还是"行",对策略的关注就必然强调做出策略选择的行为体的主观能动性。但是存在一个很大的问题是,如何根据多变复杂的形势对应对策略进行取舍,在现实实践中如何操作?虽然西方思维擅长于细节化、操作化,但仍然不可能把所有情况都列出来,根据不同的细节设计好

---

①《反对本本主义》,《毛泽东选集(第一卷)》,北京:人民出版社,1991年。

②尤其是博弈论的提出,实际上正是对参与博弈各方所采取的最优策略选择的分析模型,各个学科对博弈论的借鉴及其在现实中的运用也是围绕策略选择的过程和方式进行分析的。

可供实践的方案,做出类似说明书的东西,毕竟现实世界的复杂多变超乎人的想象。不过,我们仍然可以寻找出一些共同的特点,对策略进行分类和分析。

具体到本书中的语言实践中,策略及其选择就有其特定的意义。第二章已经对语言实践进行了如下界定:行为体通过语言行为进行互相作用,最终达成共享规范、建立和再造社会结构的过程。那么在这个过程中,行为体为了达成建构和再造社会结构的总目标,为什么要进行策略选择呢?只要参与实践便参与了建构社会事实的进程,策略选择对于参与其中的行为主体意义为何呢?如果在人类社会看作一个个场域的集合体,而每一个场域可以被定义为"在各种位置之间存在的客观关系的一个网络(network),或一个构型"①。那么如何掌握其中的重要关系是获得支配该场域权力的关键,也是参与其中的行为体所最为关注。语言不仅仅是符号和意义方面的交换,而是不同的个人、团体、阶级和群体之间的社会地位和社会势力的交流、调整、比较和竞争,也是他们所握有的权力、资源、能力及社会影响的权衡过程。②可以说,本书提出的行为体的策略就是把握这些核心关系的关键。在语言实践中,行为体通过策略选择相互竞争夺取不同场域的控制权,胜负的关键便在于行为体采取的策略。之所以认为行为体的策略会影响结果,是因为策略选择直接关系到行为体在实践中使用的语言的效力。因此,本书对策略的定义可以基本概括为:行为体在语言实践活动中为了掌握重要关系而采取的方案集合。

很显然,行为体为了掌握这些重要的关系而采取各种策略的目的,是为了在资源有限的社会中达成目标。从这个角度上来说,似乎所谓的重要关系也实际上就是达成目标所需要的各种资源而已。但是之所以强调"关系性"观念,是因为仅仅从资源的角度来考虑问题会很容易陷入把这些资

---

①[法]皮埃尔·布迪厄等:《实践与反思:反思社会学导引》,李猛等译,北京:中央编译出版社,1998年,第51页。

②聂文娟:《现代语言建构主义及"实践性"的缺失》,《国际政治研究》2010年第4期。

源当成物质性和客观性的存在,忽略了实践活动的关系性特点——而这一点正是本研究十分强调的。所以这些重要关系的确是达成目标的重要资源(并且是有限的、需要竞争的),但是又不仅仅是客观外在于行为体,而是内在于行为体本身的,是需要行为体在实践中经营甚至“制造”出来的,所以不妨称之为“关系资源”(见图3-2)。同样地,下面对策略进行分类的根据也是按照它与语言效力之间的关系进行划分的,根据策略选择所能把握的语言实践中最为核心的权力关系进行分类,强调的是策略在运用和创造关系上的实践能力。

图3-2　行为体在语言实践活动中的策略选择①

　　因此,规范传播的语言实践活动中的各个参与行为体都可能采取有效的策略选择来达成其实践的目的。由于本书主要集中于规范传播过程中的语言实践,所以需要对规范传播过程中的参与行为体进行必要的划分。根据对规范传播的文献梳理可以看到,在规范传播的进程中,对规范传播结果的影响因素的分析主要分别集中在规范倡导者和规范接受者两类

　　①行为体的语言实践活动、策略选择以及在这个过程中调动的关系资源三者之间是这样的一个密切关系:互相在实践过程中生发和构建出来。因此,采用了齿轮的方式表现三者之间互为动力的关系。

上，①但是根据本书的研究需要，需要对此进行进一步的细分。本书关注的规范传播至特定国家的过程中如何获得在该国家内部的合法性地位问题，所以必然把焦点主要集中在国内层面。在国内层面，与国际规范发生密切关联的主要有两类行为体，分别是支持和反对国际规范的行为体，在本书选取的案例中显然要关注的是国际规范的反对者，即规范挑战者，此外不能忽视的还有社会公众，即在规范传播进程中看似是被动接受的一方但是实际上参与到了这个实践过程中的社会公众，②是社会成员共同赋予某类规范的合法性地位。所以从另一个角度，本书的研究主旨可以说，是研究国际气候规范的国内规范挑战者所提出的"反对以《京都议定书》为代表的通过国际合作人为减少温室气体排放"的规范，与国际气候规范相互斗争的问题，并进一步细化至考察这些国内的规范挑战者如何通过策略选择，在规范传播的语言实践进程中成功影响规范传播进程。

二、策略的分类与语言的效力

语言能够建构意义，由于语言形式多种多样，语言可以产生的意义也多种多样，这些多种多样的意义通常是相互竞争的。人们如果想交流，就必须对意义达成一致。也就是说，谁的或什么样的语言建构的意义能够获得社会成员的共识（也就是取得合法性地位），其所代表的是语言的效力问题。从某种程度来说，在本书的研究框架中，规范传播所包含着的语言实践中的策略选择，代表着赢得在不同场域的"战争"的核心武器。进一步说，规范传播自然包含着两方面的内容：一是作为规范接受者的公众获得信息和做出选择，二是规范倡导者与公众个体之间的互动。所以规范倡导

---

①对这两类规范传播的研究指向的具体分析详见本书文献梳理部分。

②实际上，本书提出的策略选择中很核心的要素之一就是行为体如何通过策略选择创造社会公众更能理解的实践环境，使得社会公众在某种程度上参与这个实践活动，从而使得自身的语言得到社会成员的认同，成为集体知识，并最终得到合法性地位。这一点会在接下来的三个策略分析中进一步详述。

者要想自己的倡议赢得合法性地位,必须把重心放在如何向作为规范接受方的公众提供信息,如何与他们进行互动,让他们在共同的语言实践活动中形成关于其倡议的共享知识。这样,就可以把语言实践的过程变成一个通过"信息传播"实现"产生影响力"的过程,或者更进一步地说是从信息驱动发展到"关系驱动"(见图3-3)。从这一点来说,本书对规范传播的定义也与其他文献区别开来了:以影响力为核心的规范传播必然重视"关系"在其中起到的关键作用,即同一个信息的传播可能因为不同的传播主体所能调动的不同关系资源产生不同的结果,不仅仅是说服和争论就能够实现规范传播,更重要的是行为体所采取的策略。因此,在行为体的语言实践活动中,策略选择的核心就在于如何调动重要的关系资源,最大限度地发挥语言的效力,实现实践的目的。所以根据策略与这些关系资源的关系对其进行分类。

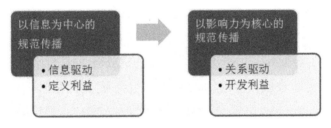

图3-3　从信息驱动到关系驱动:规范传播的新视角

(一)策略一:权威联盟与语言资源

对于进行语言实践的行为体来说,如何发挥语言的效力其中第一个重要的因素是其所能调动的语言资源。关于语言资源,在这里有两个方面需要考虑。一个是资源本身,另一个是资源使用者。一般对资源的分析和描述基本集中在物质资源上,不管是自然资源、资本资源和人力资源等,都可以归属在物质资源的类别中。对于语言资源也不例外,比如,出版物、电视等媒体资源是语言的传输渠道,而语言实践者即行为体本身加工语言资源的能力如言语技能、性情旨趣和社会技能等则更多取决于资源使用者本身的能力。这些都更多的可以归为资源的物质基础。但是资源使用者本身不仅仅关系到其加工语言资源的能力，还涉及其所诉说语言的权威问题。如果仅仅停留在资源使用者所能使用的物质资源，那么本书和其他强调权力的理性主义文献也就没有太大区别了，本书提到的调动语言资源的策略也就没有太多的意义，因为掌握着最多权力的行为体必然会获得最终的胜利，根本不必考虑所谓策略，这与行为体的能动性也没有太大关系了。

1. 语言资源作为关系资源

要把握策略在行为体语言实践活动中的重要性，必须从"关系"的角度出发考虑。行为体语言的效力在很大程度上植根于言说者与聆听者的关系。①所以从这个角度来说，语言资源也是一种关系资源。在个人的社会生活中，高先赋性（亲缘关系近）和正面的高交往性（互动中产生信任、好的情感）的他人的语言是最能影响个人的。②尽管黄光国提出的先赋性和交往性概念是基于中国的关系型社会，但是在语言关系上，类似逻辑同样适用于其他社会。巴尼特（Michael Barnett）和芬尼莫尔在《为世界定规则：全球政治中的国际组织》中指出，国际组织的权威来源有三个来源，分别是国家的授权、专家权威和道德权威。③国际组织所拥有的这三个权威来源使

---

①把语言实践活动中的参与者分为言说者和聆听者显然并不恰当，因为听众也同样是这个实践活动中的参与者，但是在这里进行这样划分的目的是为了方便阐述两者在语言实践活动中的关系，这样的划分只是代表他们彼此在语言实践活动中的不同角色，会在下文的详细分析中得到体现，而不是将听众划出语言实践活动的进程之外，显然这项实践的进行不能缺少聆听者的实践参与，否则将无法共同建构社会事实。

②黄光国在《儒家关系主义：文化反思和典范重构》一书中对中国传统社会中的关系进行分析，提出了高先赋性和高交往性的概念，分别代表近亲缘关系和高交往密度，认为这些是影响关系者关系的重要因素。黄光国：《儒家关系主义：文化反思和典范重构》，北京：北京大学出版社，2006年。

③[美]迈克尔·巴尼特、玛莎·芬尼莫尔：《为世界定规则：全球政治中的国际组织》，薄燕译，上海：上海人民出版社，2009年。所谓专家权威，是指由于叙述者所具有的专业知识，使得他在该领域具有可信度；道义权威则主要是因为叙述者捍卫了人们普遍认可的道义准则而获得的权威。

得其所提倡的规范、制定的规则具有了效力,简单来说,便是国际组织的"话语"得到了国际社会的认同和遵守。这三类资源很显然也是基于一定关系基础的,即国际组织和国际社会中的主要成员国家行为体之间的关系,也就是演说者和聆听者之间的关系。正因为国际组织和国家之间存在着被授权和授权的关系,国际组织对于"无所不包"的国家来说所具备的在专业领域的专家地位,国际组织相对于"追求自利"的国家来说所具备的中立的道德地位,才使得国际组织能够在特定领域或特定事项上对国际社会中的国家制定一定的行为规则,国家也才可能会遵从。[①]

同样地,在语言实践活动中,行为体要最大限度地发挥语言效力,使他的实践行为取得效果,很重要的一点便取决于言说的行为体与聆听者之间的关系。更进一步地,因为相对于聆听者的这种权威关系的存在,言说者的语言实践能够最大限度地让聆听者参与到扮演聆听者的角色。这并不是一句同义反复的废话。实际上,在面临"注意力短缺"的世界之中,如何争取社会大众对其的关注是规范最终得到认同和传播的前提。如果行为体述说的语言没有真正地被聆听者听到(视而不见、听而不闻),那么行为体的这种独角戏甚至可以说根本算不上是实践活动了。所以所谓语言实践必须让言说者和聆听者都经历这个过程,聆听者能够进入语言实践所框定的意义之中,才可能使这个观念和知识得到传播、成为集体知识并最终成为个体知识。只有让聆听者能够充分理解所讲述的"故事",一起讲述这个故事,从而成为集体知识并进入个体知识范畴,才能更容易得到认同。再回到前面提到的权威关系,如果言说者具有与聆听者这样的权威关系,那么在很大程度上保证了言说者扮演着言说者的角色,而聆听者也真正是在扮演聆听者的角色,确保了两者在这个语言实践过程中的"共同出演"。

---

①巴尼特和芬尼莫尔在这里论述的是国际组织在国际政治中制定规则的能力,而显然规则实际上就是经过组织的具有一定意义内容和要求执行,并具有限制实际行为能力的语言,所以虽然本书并没有用语言替代规则、规范的意思,但是语言与规则之间并不存在互不相关或冲突的地方。

但是这种关系难道不是固定的吗？就像父亲之于孩子、教师之于学生、政府之于公众、国际组织之于国家那样，显然彼此之间的关系在一段时间是处于稳定状态的。如果仅仅是指出言说者和聆听者之间的关系会影响语言的效力从而改变实践的结果，那么本书和以前的文献也就没有什么区别了，也没有写作的必要了。之所以提出策略选择这个概念，其中一个目的就是因为行为体的策略选择能够作用于他们与听众之间的关系：通过策略选择，行为体在实践活动中能够改变、获得基于关系的语言资源。所以策略选择的关键在于行为体调动和整合能够最大限度对于聆听者最具权威的关系资源。

2.权威联盟与资源组合

不能否认的一点是，语言资源的物质性存在是很重要的一个效力来源，比如控制媒体的政府行为体显然能够控制公众获取的信息，让公众只知道政府想让他们知道的信息。但是正如前面提到的，这些客观存在的社会事实并不与本书提出的"策略选择"的理念相冲突。因为策略选择的意义是"收集"各类资源，通过资源组合而创造出新的资源。被称为后现代电影英雄的导演昆汀·塔兰蒂诺曾说过："我每部戏都是东抄西抄，抄来抄去然后把它们混在一起……我就是到处抄袭，伟大的艺术家总要抄袭。"[1]显然，这里的"抄袭"和"拼凑"实际上是创造的过程，策略选择所能够进行的资源组合同样如此。更进一步来说，策略选择所调动的各种物质资源，在根本上和上面所提到的言说者与聆听者之间的关系一样，是基于一定的关系基础的，资源本身（更强调物质性）和资源使用者实际上是一体的。

首先，作为资源使用者的行为体是一个处于社会关系网络之中的各种关系的集合体，他本身就是各种关系的融合，行为体在社会关系中的地位实际上也预示了其所拥有和可供使用的物质资源。比如前面谈到的权威资源，不光是国际组织有类似专家权威和道德权威等资源，不少个人、组织

---

① 程青松编著：《国外后现代电影》，江苏：江苏美术出版社，2000年，第91页。

等行为体都具备这些。这些具有某种权威的行为体的语言可能产生的效力会比其他没有这些权威的行为体强,因为行为体本身所具有的特征是其语言可信度的来源。当然,每个行为体都可能拥有在不同领域和关系中的一定权威,但是对于特定事项来说,拥有这类关系资源的行为体通常具有如下三类特性:一是行为体在相关领域的专业权威,二是行为体作为中立第三方的道德权威,三是行为体通过公众授权所获得的对相关事项做出决策的权威。到此为止,这些特点和巴尼特和芬尼莫尔所提出的国际组织的权威来源没有什么大的区别,或者说是基本一致的。实际上,这些权威资源对于行为体的语言来说就是增加其可信度,而这个可信度所作用的正是其语言的合理性。所以正如前面分析的,行为体所提出的规范所具有的合理性并不是客观的、绝对的,因为在很大程度上还取决于行为体自身所具有的语言资源。而策略的作用,是如何将这些权威来源最大程度地整合在一起。

　　所以其次要考虑的是,所谓的策略选择是如何将这些代表和掌握着各类关系资源的行为体组合在一起。策略一就是根据策略如何整合各类资源的方式所提出的,即权威联盟。充分联合关键的行为体,形成权威联盟,是规范挑战者挑战国际规范的国内合法性的一个重要策略。不管参与结盟的其他行为体的最初目的如何,加入结成联盟都能够扩大声势、制造宣传氛围。联盟成员的权威会对挑战者进行的语言框定(下文会详细分析的策略二的主要内容)的效果产生重要影响。联盟成员本身所具有的权威资源能够增强联盟的语言可信度,更有利于国内合法性地位的获得。因此,在联盟成员的组成上,具有专业权威、道义权威甚至代表国家权威的政府成员(如总统、国会议员等)能够更有力地挑战国际规范的合法性。在联盟成员的组成和数量上,多元并且达到一定数量的联盟成员更有利于规范挑战者。权威成员的加入是规范挑战者成功挑战国际规范合法性进程中的重要转折点之一。

　　在此后的案例分析中,将对美国国内反对国际气候规范的行为体是如何通过联合各个领域的权威成员、结成权威联盟来调动各种语言资源,从而进行其语言实践活动的进行详细分析。包括美国政府、非政府组织、商业组织等在内的各类行为体都在这个语言实践活动过程中调动其所拥有的关系资源来进行竞争,在反对《京都议定书》问题上发挥了重要作用。当然,正如前面提到,并不是随便联合其他行为体便能获得必要的权威,而是要联合最关键的掌握相关事项的核心权威关系的那些行为体。所以这个权威联盟并不是一开始就可以完美形成的,是在行为体的语言实践过程中不断地形成的,在这个过程中也就很可能出现某些行为体加入又退出(或被迫退出)的现象,而最明显的现象则是关键行为体的加入能够突出地改变形势,也通常是这个语言实践进程的转折点。

(二)策略二:语言框定与意义重构

权威联盟策略所要解决的是"谁来说"的问题,即语言实践活动的行为体是谁才能够最好地发挥语言的效力,而"语言框定"则是确定"说什么"的核心策略,也是本书提出的第二个策略。

我们都知道,规范倡导者所推动的国际规范通常具有公平、正义、人道主义等道德优势,规范倡导者在传播中也十分强调这些价值的合理性,规范的合理性也通常是其得以传播的重要基础。在国内规范与国际规范一致的情况下,国家接受国际规范便成为顺其自然之事,国内与之相违背的倡议通常很难破坏国际规范取得国内合法性的进程。但是规范挑战者可以通过语言框定[①]的方式对原本能够顺利获得国内合法性的国际规范进行

---

①国际规范传播研究借鉴了20世纪80年代兴起的社会运动理论对话语和框架理论的研究成果,开始注重话语及其建构意义。语言框定就是通过话语和符号性行动等语言表达方式,选择性地对议题进行解释和图示,建构一个认知框架。对语言框定的研究在过去二十几年大量扩散,在此不再赘述。[美]西德尼·塔罗:《运动中的力量:社会运动与斗争政治》,吴庆宏译,江苏:译林出版社,2005年;赵鼎新:《社会与政治运动讲义》,北京:社会科学文献出版社,2006年。Rodger A. Payne, "Persuasion, Frames and Norm Construction", *European Journal of International Relations*, Vol.7, No.1, 2001, pp. 37-61; Audie Klotz, *Norms in International Relations: The Struggle against Apartheid*, Ithaca, NY: Cornell University Press, 1995.

重新阐释,对其进行意义重构,在不完全否定(但是改变)国际规范合理性的基础上,影响规范传播的原本进程,使得拒绝国际规范的行为成为可能。也就是说,规范挑战者可以通过语言框定来改变规范所传达的语言意义,通过把国际规范重新阐释为另一个问题,便能够在国内规范与国际规范契合的情况下使得不遵守国际规范的行为成为可以接受的,并导致国际规范丧失其国内合法性。因此,通过语言框定策略对国际规范进行重新阐释,规范挑战者改变了国际规范的绝对合理性,让这种合理性的相对性一面全面地呈现在社会公众面前。所以通常规范挑战的框定,主要是把国际规范所提倡的合理性价值和其他社会公众有所共识的另一类重要的合理价值相冲突的地方强调出来,从而有效地挑战国际规范的相对合理性,改变规范传播的进程。

1. 规范挑战者对国际气候问题的语言框定

在美国退出《京都议定书》的案例中,反对国际气候规范的行为体将该规范重新框定为国家竞争力和经济发展问题,即以《京都议定书》为代表的国际气候规范会严重损害美国的国家竞争力,大大影响其经济发展,成功地重新赋予了该规范新的意义,使得公众接受了他们的框定,获得了合法性地位。在此,可以看到,对于语言框定的方向或者说核心要素是把问题框定为什么样的意义才能够有效地改变社会公众对其的认识。为什么把国际气候规范框定为影响国家竞争力问题,而不是其他问题能够成功挑战国际气候规范的传播?在这里,需要对国际规范倡导者对气候规范的意义阐释和美国国内规范挑战者对其重新框定的意义进行比较。

对国际气候规范原本的意义内容和规范挑战者对其的挑战理由进行分析比较,可以得到如下内容(见表3-1)。关于气候变暖问题,根据所掌握的科学依据,主要包含“气候变化意味着什么”“国际社会可以为此做出什么努力”“怎样做”三个层面的内容。据此,国际气候规范的倡导者对气候规范价值或者说合理性的阐述主要包含如下三个方面的内容:一是气候变化的科学真实性及其对人类生活的地球环境的严重负面影响的事实;二是人为因素是全球气候变暖的最主要因素,并且能够通过人为努力减缓气候变暖趋势的认识;三是通过所有国际社会成员参与国际合作,来减少温室气体排放的公平性和人道主义责任。相对地,国际气候规范的国内挑战者的反对理由则主要集中在如下三方面:一是气候变化在近现代剧烈变化和人为因素是气候变化主因的科学真实性值得怀疑;二是缺少发展中国家参与减排在公平性上的缺失和成效上的不可行;三是美国参与《京都议定书》所制定的减排计划会大大损害美国的国家竞争力,使美国经济发展担负严重成本。这样看来,挑战者所提出的理由不仅仅是一个,而是针对气候规范所包含的各方面阐述都进行了反驳,但是为什么本书特别指出挑战者通过语言框定把国际气候规范重新阐释为国家竞争力问题呢? 可以看到,前两点反驳理由仍然还在国际气候规范所框定的价值范畴之内,即所谓气候问题和国际合作上。所以也只能将这两点理由归为反驳,而不是语言框定这类存在创造意义的语言实践活动。在此后的案例分析中,也可以

表 3-1 国际气候规范和国内规范挑战者对气候问题的阐释和比较

对气候问题的关注内容	国际气候规范	国内规范挑战者对国际气候规范的质疑①
气候变化意味着什么	气候变暖及其后果 人为因素是主因	气候变化和人为因素的科学真实性值得怀疑
国际社会可以为此做出什么样的努力	国际社会成员的合作	缺少发展中国家参与减排会导致合作无效果
怎么做	《京都议定书》②	经济发展和国家竞争力

①下列三项质疑都是针对前面国际气候对气候问题的阐释所展开,例如国际气候规范认为国际合作是国际社会可以为此做出的努力,而国内挑战者的质疑则指出发展中国家没有参与减排(共同但有区别责任原则)会导致合作减排无效,而《京都议定书》的制度设定则会大大损害美国的国家竞争力和经济发展。

②基于本书选取的研究案例期间,国际气候合作的主要进程处于《京都议定书》提出、缔结和通过的阶段,所以直接将其所制定的细则作为"怎么做"问题的答案。

看到，在《京都议定书》这个具体案例中美国公众对上述三个反驳理由的反应上，对于第三个理由的认同最明显地改变了国际气候规范在美国国内的传播进程。国内挑战者提出的第三个理由，跳出了气候问题的问题领域，直接与经济问题联系了起来，国际气候规范原本具有的价值意义便被挑战者改变为经济发展问题了。所以在本案例中挑战者的语言框定就是特指他们对经济发展问题的阐释。

2. 语言框定和相对合理性

不少学者认为，气候变化的概念对于公众来说还是太抽象，相比较起经济发展和国家竞争力来说，气候变化缺乏直观的感受。其实很难确切地说，对气候变化产生的影响和作用的感受会比经济问题（对于美国公众来说）来得微弱，或者说美国社会公众对气候问题不甚关心。实际上，美国国内致力于推动的环保组织和活动很多，其中主要从事全球变暖事宜的非政府组织就超过了50个。[1]这些非政府组织主要可以分成三类：一是与国际非政府组织存在从属关系的组织，即类似国际非政府组织在美国国内的分支机构，如世界自然基金会（Worldwide Fund for Nature）和国际绿色和平（Greenpeace International）等；二是以在美国国内推动倡议工作为第一要旨的环境组织，如塞拉俱乐部（Sierra Club）、美国公共利益研究集团（U.S. Public Interest Research Group）等；三是以气候变化问题的学术研究为主要方向的环境问题研究团体和智库，比如世界资源研究所（World Resources Institute）、皮尤全球气候变化中心（Pew Center on Global Climate Change）。当然也存在一些如美国环保协会（Environmental Defense Fund）和自然资源保护委员会（Natural Resources Defense Council）之类，既从事推广活动又进行科学研究的组织。这三类非政府组织形成了一种伞状的结构，通常被称为美国气候变化网络（U.S. Climate Change Network）。1999年秋，一群包括

---

① Paul G. Harris, ed., *Climate Change and American Foreign Policy*, London: Macmillan Press LTD, 2000, p. 77.

国家环境信托(National Environmental Trust)、忧思科学家联盟(The Union of Concerned Scientists)和关注社会责任医生学会(Physicians for Social Responsibility)等在内的环保组织形成了一个联盟,发动了一场以1100万美元为资金基础的信息宣传活动来教育美国公众提高对气候变暖的认识。这场宣传活动包括制定了庞大的电视宣传战略,并且设立了一个网站,通过这个网站,美国公民可以与国会成员对气候问题进行联系。[①]

事实上,美国是最早进行气候变化科学研究的国家之一,早在20世纪50年代艾森豪威尔总统时期,美国就开始对气候变化问题产生兴趣;到80年代,气候变化问题便已经进入美国外交议程,并逐渐上升至国家安全核心议题。并且,美国也一直积极参与国际社会促进全球气候变化问题的公约和协议的达成,曾在《蒙特利尔议定书》的达成中起到领导作用,是最早批准《公约》的工业化国家,也曾于1998年签署《京都议定书》。这样看来,美国国内对气候问题的关注度也不低。可以说,和经济问题一样,气候问题也是应该去做的事情,这两者都具有合理性。所以国内挑战者的语言框定的作用首先体现在对国际气候规范绝对合理性的质疑,他们所提出的气候规范对国家竞争力和经济发展的负面影响,把国际气候规范相对合理的一面展现给了社会公众。这一点在前面对合理性的分析中已经提到,合理性并不是客观的,而是处于行为体主观建构之下的、可变的,很明显地体现在了国内挑战者对气候规范的重新阐释之中。

所以语言框定的作用需要从两个方面来理解:一方面,行为体的语言框定的确对原有规范的重新阐释赋予了新的意义,这个新的意义得到了社会公众的认同;另一方面,而在此之前,语言框定在提出之初就具备的一个重要作用,即作为一种语言实践活动,行为体只要进行语言框定,这个新意义的赋予就表明原有规范的核心价值发生了转移,或者至少被拆分了(在

---

① Paul G. Harris, ed., *Climate Change and American Foreign Policy*, London: Macmillan Press LTD, 2000, p. 77.

气候规范这个问题上,它就不仅仅包含上面分析的那三个内容,还增加了对经济和国家竞争力的负面影响),而这个新意义又通常是与规范的原有意义相冲突的。这样,规范曾经可能强调的绝对合理性便遭遇了强力的挑战,人们会认识到这个规范负面的一面。那么当规范挑战者提出与国际气候规范相悖的倡议之时,社会公众便不会完全肯定地认为这是不合理的或是需要坚决抵制的。所以从某种程度上来说,行为体的语言框定对规范进行的重新阐释即便没有比原有的意义更有说服力,但是行为体对其进行语言框定这个实践活动本身也是能够发挥一定的作用的,最重要的一点就是,国内规范挑战者的语言框定使得气候规范的合理性成为相对的。

3.语言框定和场域转换

除了将规范的绝对合理性转变为相对合理性之外,语言框定另一个重要的作用则体现在其所赋予规范的新意义,这个新意义的赋予最核心之处在于它转换了问题的领域,也就从而转换了人们进行语言实践的场域。而场域的转化则必然意味着在其中起作用的核心关系发生了变化,行为体的实践活动也处在了另一系列规则之中。

在美国退出《京都议定书》这个案例中,可以确认的是,规范挑战者对气候变化合作所导致的削弱国家竞争力和经济发展的阐述得到了公众更多认同,而不是气候变化带来的灾难和不公平。的确,语言框定可能存在许多方向和选择,如何将问题框定为能够有效发挥语言效力的意义是很重要的一点。比如在本书的案例中,规范挑战者不一定要将国际气候规范重新框定为国家竞争力问题,也可以框定为其他意义(如支持国际气候规范的克林顿政府将这个问题政治化为国家安全问题也是一个语言框定的方向)。为什么社会公众更认同《京都议定书》会影响国家竞争力和经济发展而不是气候变化的严重性和参与合作必要性呢?不少回答可能倾向于将其归根于规范挑战者语言框定的意义与社会成员的知识结构和现实利益更加密切的联系。关于知识结构与人们对事物的认识,这方面的探讨罗伯特·杰维斯已经从心理学的角度进行了不少探讨。①但是这事实上和从前文献中提出的文化和规范结构不正是类似的逻辑吗？正如前面分析提到的，气候变化问题和经济发展问题，这两者所包含的价值观念都是与美国国内规范结构比较契合的，很难从符合、不符合的角度进行判定来排除。

所以问题的核心不在于具体的框定内容本身，而在于行为体所实施的语言框定把活动的场域更换了。如果说原本处于的是纯粹气候问题的场域，那么围绕气候变化的真实性、如何做等展开讨论是正常的，然而在规范挑战者提出国家竞争力和经济发展问题之后，这个场域中的核心关系是经济问题，其他都成为经济问题的附属关系了。这就相当于原本在气候变化问题场域之中是核心关系的气候问题，在场域发生转移之后，在经济问题场域中，经济发展和国家竞争力成为核心关系，而气候问题成为次要或者附属的关系。这也是为什么前面在分析规范挑战者针对国际气候规范的核心内涵提出的质疑之中，本书集中关注的是对挑战者提出的国家竞争力问题，因为只有这一点才是真正的语言框定，只有这一点的提出发生了场域的转换。

此外，为了更好地发挥语言框定的效果，行为体通常会将问题框定为涉及国家核心利益事项，是为了让自己阐述的意义能够在国家核心利益这个问题领域之中获得优先的地位，从而得到社会成员的认同。在奥巴马政府上台后于2010年5月向国会提交的首份《美国国家安全战略报告》②，对美国核心利益的阐述如下：美国、美国公民，以及美国的盟友和伙伴的安全；在一个开放和促进机会与繁荣的国际经济体系中，保持美国经济的强大、创新和增长；在国内和全世界尊重普世价值观；在美国领导下，通过紧

---

①［美］罗伯特·杰维斯：《国际政治中的知觉与错误知觉》，秦亚青译，北京：世界知识出版社，2003年。

②该报告中没有用"核心利益"这个字眼，而是使用了"美国的持久利益"这个术语。The White House, Washington, *National Security Strategy*, May 2010. http://www.white-house.gov/sites/default/files/rss_viewer/national_security_strategy.pdf.

密合作建立促进和平、安全和机遇的国际秩序,以应对各种全球挑战。①但是不管如何表述、重点有何不同,每个国家对国家领土安全和经济发展的重视都是不可忽视的。从这份战略报告中提出的四大核心利益来看,保持美国经济的强大、创新和增长是其中之一,而关于气候规范所涉及的国际合作价值理念,其所强调的前提则是"在美国领导下"。很显然,从这一点比较来看,即便是在国家核心利益这个问题之下,规范挑战者所框定的领域"国家竞争力和经济发展"在重要性上要强于气候规范强调的国际合作要居于更优先的地位,对于社会公众来说也是更容易理解和接受的。事实上,克林顿政府时期为了推动《京都议定书》获得国内的批准,就曾经把气候问题政治化上升至国家安全层面,采取的也是同样的方式。

因此,行为体的语言框定,一方面通过改变问题领域来转移场域,从而改变在场域中的关系排序;另一方面并不是随便地更改为另一个问题领域,而是通常与国家核心利益相联系,将问题转换为与其中一类国家核心利益相关的领域,确保这个问题是社会成员关心的问题领域。通过语言框定,规范挑战者把国际规范框定为另一个利益攸关的问题(通常涉及国家政治、经济和军事安全),提出接受国际规范的具体公约、协议等会损及这方面利益,由此,国内社会成员即便仍然赞同国际规范具有一定的合理性,却还是会接受拒绝国际规范的行为,国际规范也就丧失了在国内得以接受和遵守的合法性。

(三)策略三:焦点转移与语言技巧

语言框定最核心的目的是对语言的意义进行重构,解决的是"说什么"的问题,那么下一步需要关注的,就是在具体述说时的言说技巧了,即"怎么说"。关于怎么说,可以从两个方面考虑:一是言说的技巧,二是言说的手段。言说的手段,通常来说主要通过大众传媒(比如电视、广播、报纸、书籍等)或举办活动(会议、游行、集会等)。但是本书倾向于从言说的技巧出发

---

①这四类持久利益分别列属于安全、繁荣、价值和国际秩序者之中。

进行考虑,因为根据对规范传播过程中行为体进行语言实践活动的手段来看,基本上上文提到的各个渠道都有应用到,很难筛选出特别有效的一类,而且权威联盟所掌握的资源基本上覆盖了调动和使用这些物质手段的内容;再加上本书更为关注语言本身,所以便选择对语言的言说技巧进行分析。

本书提出的策略三为焦点转移。关于焦点转移,简而言之,就是避重就轻,避而不谈原本问题的核心关系,而是针对细枝末节的问题集中攻击,转移社会成员对核心关系的关注,从而改变对规范关注的焦点。焦点转移一般包括如下两个步骤:一是将攻击目标确立在规范所提出的具体制度建设上,而不是规范的核心价值关系,称之为"模糊焦点";二是提出与该具体制度建设不同的另一套施行方案,进一步表明反对的并不是规范本身,而是执行规范的具体措施,提出了"替代选择",最终实现焦点转移。

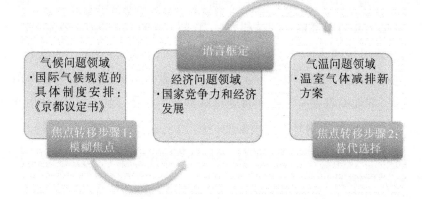

图3-4 策略二与策略三关系图

实际上,焦点转移在很大程度上与语言框定的关系十分密切,甚至很多时候学者们会将这一点当作语言框定中的一部分。而语言框定在一定程度上也的确部分发挥了这方面的作用,因为语言框定的重要意义,在于它创造性地赋予了原有规范新的意义框架,使得人们对原有规范的认识焦点发生了转移。比如,对国际气候规范的气候问题认识转移到了参与气候问题合作可能对经济发展带来的影响——而在此之前气候规范的问题领域是气候变化或环境保护,与经济问题之间的直接关系并不是很大(只是在气候变化对社会经济发展可能产生的负面影响上有相关阐述,但是仍旧是在气候问题领域)。但是本书之所以将其单列出来,一方面笔者认为焦点转移与言说技巧更相关,另一方面是对焦点转移有与从前文献不同的认识和阐述。前面提到的焦点转移的两个步骤"模糊焦点"和"替代选择",实际上分别是语言框定的开始和结束,模糊焦点为语言框定开辟了转移问题领域的渠道,而语言框定之后仍然要回到原来的问题领域,以替代选择作为结论(见图3-4)。这在一定程度上体现了策略二"语言框定"与策略三"焦点转移"之间的关系,体现了规范挑战者如何通过这两类策略在问题领域之间进行转换,实现目的。

前面分析过,语言框定的重要意义在于它所创造性地提出的新意义转移了规范的问题领域,将原本属于气候问题的规范阐述为经济问题领域的规范。但是在进行这样的语言框定之前,规范挑战者首先需要为这个框定活动预备的工作就是采取焦点转移的步骤——模糊焦点。通过模糊焦点,挑战者把焦点首先定位在规范的具体制度安排上(而不是规范本身所包含的价值),从而为下一步语言框定奠定基础。正是因为焦点定位在了气候规范的具体制度安排——《京都议定书》上,那么这个制度安排对国家竞争力和经济发展的负面影响则自然而然提到了议事日程之上。这样,问题领域的转移也就顺理成章,挑战者对经济利益的关注也不至于受到过多道德上的谴责——因为针对的是具体制度安排而不是规范倡导的价值。但是国际气候规范关注的还是气候变化的问题,要对此下结论就必然还需要回到气候问题领域。

而语言框定所阐释的语言意义,正是挑战者要回到气候问题领域并得出有利于自己的结论的关键过程。因为气候规范的具体制度安排会对国家竞争力和经济发展带来严重负面影响,那么挑战者提出一个新的制度安排或者新方案来正是为了解决这个问题,这样就进一步否决了代表着国际气候规范价值的具体制度安排《京都议定书》,也就成功地使拒绝接受国际气候规范的倡议得到了合法性地位。很明显,在发挥焦点转移这个语言策略时,规范挑战者并不试图挑战国际规范的合理性,把争论焦点定位在具体制度安排上,在一定程度上表明其反对的并不是国际规范本身所代表的合理性而是其具体的实施方式。实际上,气候问题经历了一个类似于环形的历程,即从主要由关注气候问题的自然科学家提出并探讨如何用技术问题解决这个问题,到上升为国际政治并且需要相应地改变人类价值观和道德观等观念来得以解决,随后又再次回到对技术问题的层面——气候问题的真实性和解决方法的技术突破等。这就相当于对气候规范的合理性进行了挑战和质疑,而不仅仅是避开合理性而对其合法性进行批判了。这一点会在后面的章节中进行深入讨论。

同时,规范挑战者通过提出另一个既能支持国际规范又不伤及国家利益的替代选择方案,也以类似的方式降低了拒绝接受国际规范的道义成本。这种替代选择的提出,既表明了规范挑战者对国际规范合理性的认可,避免了道义上的指责,又在实际上使得拒绝国际规范成为可以接受的现实。提出替代选择的过程并不仅是指提出一套解决国际规范倡议问题的方案,更重要的是对实施方式的重新解读,实际也是语言发挥建构作用的过程,可以把原本认为无关或不利于解决国际规范倡议问题(实际上有利于规范挑战者试图维护的利益)的方法纳入其中,也可以把应有的方法进行剔除。

规范挑战者并不试图直接驳斥和挑战国际规范所倡导的合理性,一方面能够避免自身在道德上受到指责,另一方面转移了论辩的焦点,模糊了社会公众对遵守国际规范和反对国际规范之间绝对正确和错误的分界线,降低公众对违背国际规范行为的反抗程度。

三、研究子假设与本章小结

针对本书的研究问题"为什么国家会拒绝接受与国内规范结构基本契合的国际规范",提出如下研究假设:行为体在语言实践活动中的策略选择改变和影响了规范传播的进程。进一步地,又可以根据上述分析的三个策略对这个总研究假设进行总结归纳,细分为三个子假设。

假设一:通过结成权威联盟,规范挑战者可以成功挑战国际规范的国内合法性,联盟中成员的权威越大,越能够成功挑战国际规范的国内合法性。

假设二:通过语言框定,把国际规范重新阐释为对攸关国家利益的损害,转换问题领域,规范挑战者可以成功挑战国际规范的国内合法性。

假设三:通过焦点转移,规范挑战者通过提出能够兼顾国际规范和语言框定的国家利益的替代选择方案,减少拒绝接受国际规范的道义成本,成功挑战国际规范的合法性。

不过,这三个策略及三个子假设并不是分离并独自发生作用的。事实上,不仅如前面的示意图所展示的那样,策略二和策略三之间存在如此密切的关系,作为策略一的权威联盟同样与其他两个策略有着密切关联,权威联盟的成员组成既在一定程度上决定要将语言框定的问题领域设定在权威联盟成员具有较大优势的问题领域,又决定着他们所进行的语言实践活动能够充分发挥权威效力。所以这三个子假设之间实际上是互相影响,三个策略的运用之间也存在密切的相关关系。

从某种程度上来说,与国内规范结构基本契合的国际规范在向国内传播的过程中,被接受通常是可以预料到的,因为不存在国内规范结构与国际规范相冲突这个障碍;也相当于已经确知事物运动方向,而打破事物沿着原本推动力(主要来自国际规范的倡导者)的另一个推动力便来自国内挑战者这些行为体的语言实践,他们通过策略选择,所施加的推动力能够成功改变规范传播的进程和结果,甚至很有可能突破国内这个实践环境(或者说是场域),作用于国际社会,相当于将力推回至规范的国际倡导者和规范在国际社会中的广泛传播。这样,行为体的能动性就不仅仅体现在能够改变规范在一国之内的传播进程和结果,甚至可能影响规范的国际传播进程和结果(这一点在美国退出《京都议定书》这一事件及其后续对国际社会的影响可以看出）。因此,这一点也可以印证本书在第二章文献梳理中探讨的,行为体在语言实践中的策略选择能够打破国际国内严格分层的可能性。

在规范传播的语言实践活动进程中,行为体通过策略选择以更好地赢得竞争,使其推动的观念获得合法性地位。与此同时,共享策略也得以在语言实践的过程中形成和再造。实际上,在实践活动开始之时,很难(基本上也不可能)确切地说行为体已经知晓该怎么去选择策略,知道上述提到的三个策略即权威联盟、价值重构和焦点转移是有效的语言实践策略。这样的说法也是不符合本书提出的实践理念,因为如果预先便存在可依据的原则,实践创造社会事实的理论假定便在一定程度上得到了否定。所以行为体的策略选择也是在语言实践的过程中不断形成和明晰的,是在彼此互动的过程中建立起对策略选择的共识的,即共享策略。

那么这样是不是表明上述提到的三个策略便没有研究和分析的必要了？因为一切都需要在实际中得以显明,行为体也只能在实践中找到所谓的的"最佳"策略。但是这实际上并不矛盾,因为上述提出的三个策略是行为体把握实践中的重要关系资源的核心要素,而具体实践中结合不同的事件、状态,这些策略的具体操作会有所不同。例如,权威联盟的结成很重要的一点就是如何找到和把那些最具有权威资源的行为体联合在一起,这就需要在实践中进行发现和抉择。

行为体的策略选择决定了其所能调动的语言资源,在某种程度上代表了权力资源,但是这种观点并不是尼采式的那种"绝对功能性的世界"观点,认为"社会行动的每一点细枝末节都(参与)一个庞大的压迫计划"。也并不认为世界被简单地划分为统治者和被统治者、精英和非精英两部分,拥有权力的统治者才是建构社会事实的行为主体。相反,对策略选择的强调重视的是所有行为体可能的能动性,并非只有统治者或精英才是具有能动性的行为体。事实上,社会并不是一个浑然一体的世界,而是"各自分化、只在一定程度上总体化了的实体,它由一系列彼此交织但日益走向自我调控的场域组成,每一个场域都有它的支配者和被支配者"①。即便在不同场域存在不同的支配者,似乎支配无所不在,但是随着支配和权力场域日益分化和分工,越来越多的具有不同利益诉求的行为体参与其中,都提出自己的利益诉求,在一定程度上便稀释了原本似乎处于等级制下的各种场域中的权力的集中。

同样地,本书提出行为体在语言实践中的策略选择决定其调动权力(关系)资源的结果,那么研究结果是否会又走向了权力指向的极端,即语言权力总是掌握在少数人手里,那么社会事实也就必然由这些人所建构和维持着? 实际上,和其他所有科学研究一样,本书的目的是揭开导致结果的原因,而不是为了说明这样的结果是必然产生的,因为这个原因的发生在于行为体的能动性。也就是说,这里存在着人力可供改变的操作性可能,"就好像心理学家研究杀人犯的思维、历史学家研究大屠杀和医生研究导致人类疾病的原因等一样,并不是为了证明谋杀、大屠杀和疾病的必然,而是要找出原因以便于化解和解决问题"②。在本书选取的案例中,国际气候规范倡导者及其国内的规范支持者与国内反对气候规范的挑战者之间谁的权力更大并不容易衡量得出——毕竟权力的比较和衡量本身还仍旧是国际政治研究中的一个未决的难题,很难从一开始或者所占有的物质资源来分辨出双方的力量对比。正如世界历史的发展一样,西方国家在近代的快速发展并席卷全球无法完全用"因为西方发展了工业和资本主义"来解释,因为这会引发另一个问题:为什么资本主义和工业的发展会在西方发生而不是其他地方? 相似的,为什么国内反对气候规范的一方后来所拥有的语言资源会如此丰富是需要解释的,而不是自然认定的。

---

① [法]皮埃尔·布迪厄等:《实践与反思:反思社会学导引》,李猛等译,北京:中央编译出版社,1998年,第55页。

② Jared Diamond, *Guns, Germs, and Steel: The Fates of Human Societies*, W. W. Norton& Company, 1999, p. 10.

因此,接下来的案例分析和研究所要做的工作就是挖掘出这个过程中气候规范的国内挑战方是如何在语言实践中通过策略选择,对气候规范的合理性和合法性做出了怎样的挑战,从而改变了国际气候规范在美国国内的合法性地位,并甚至最终挑战了其合理性。社会学可以告诉我们的是,在什么条件下道德的能动作用得以发挥,以及这种道德能动作用如何在制度层面上加以推行,而不是告诉我们道德行为所应遵循的具体步骤。[1]同理,对什么条件下道德的能动作用无法发挥作用的分析同样属于道德作用领域范畴,知道什么条件下道德的能动作用有限便可能采取相应的方法来解决这些问题。这也正是本书意图对现实国际政治提出政策意见的基础。

---

①[法]皮埃尔·布迪厄等:《实践与反思:反思社会学导引》,李猛等译,北京:中央编译出版社,1998年,第53页。

第四章　国际气候规范传播的国际和
美国国内背景

国际气候规范的提出首先是基于气候变化的科学研究得到关注的。如果说最初是由关注气候变化的科学家提出了这个问题,那么1988年专门委员会①成立大会的召开,则表明这个科学和环境领域的问题开始进入政治和国际合作的问题领域。围绕气候变化问题,国际谈判的焦点不再仅仅是科学问题和环境问题,如何分担减缓气候变化的责任涉及未来有限资源的分配,更多地进入了政治和外交问题领域。在国际谈判过程中,《公约》及《京都议定书》是国际社会经过多年艰苦谈判而形成的应对气候变化的两个重要法律文件,充分代表着国际气候规范的核心价值和原则。由于本研究的案例聚焦于美国与《京都议定书》之间的互动关系,有必要对气候变化、国际气候规范、美国的外交政策及其在这个过程中的角色和地位进行介绍和分析,对影响美国外交决策特别是气候问题外交政策的行为体进行分类和介绍,围绕本书研究的核心问题进行概述,为本书的案例研究提供研究背景。

一、气候变化和国际气候规范

(一)人类生存的警钟:全球气候变暖

所谓气候变化(climate change),狭义来说就是"温室效应"增强所带来

---

①专门委员会的主要任务是对与气候变化有关的各种问题展开定期的科学、技术和社会经济评估,提供科学和技术咨询意见。

的气候结果,广义上则是指全球变暖所带来的地区和局部天气变化及社会经济影响。[①]气候变化成为国际社会关注的话题,主要来源于科学、国际及国内政治的推动。但是在很长的一段时间内,气候变化只是少数科学家和政策制定者关心的技术问题而已。1979年,第一届世界气候大会由一群关注气候变化的科学家推动召开。[②]直到1988年11月,由世界气象组织和联合国环境署共同发起的专门委员会成立大会的召开才表明其成为国际社会成员的共同政治话题。在1998年底,世界气象组织曾预测该年会是自1860年有记录以来的最热的一年,地表温度将超过正常值;而这样的预测同样适用于随后的1999年。[③]现在,以全球变暖为主要标志的气候变化被认为是对人类最具威胁的全球环境问题。正如在表3-1中写明的那样,气候变化问题的科学依据主要包含"气候变化意味着什么""国际社会可以为此做出什么努力""怎样做"三个层面的内容。

在专门委员会第四次评估报告中的第一部分,最先指出的就是全球气温普遍升高是个毋庸置疑的事实:根据全球地表温度的器测资料(自1850年以来),1995—2006年中,有11年位列最暖的12个年份之中。1906—2005年的温度线性趋势为0.74℃(0.56℃至0.92℃),这一趋势大于第三次评估报告给出的0.6℃(0.4℃至0.8℃)的相应趋势(1901—2000年)。[④]专门委员会的报告中,还按照系统、行业、区域不同的分类对全球气候变化给人类生存和发展造成的威胁进行了分析并提供了科学依据。在系统和行

---

①Paul G. Harris, ed., *Climate Change and American Foreign Policy*, London: Macmillan Press LTD, 2000, p. 4.

②Ibid., p. 11.

③National Research Council, *Reconciling Observations of Global Temperature Change*, Washington, DC: National Research Council, 2000.

④ IPCC, 2007, Climate Change 2007: Synthesis Report. Contribution of Working Groups I, II and III to the Fourth Assessment Report of the Intergovernmental Panel on Climate Change [Core Writing Team, Pachauri, R.K and Reisinger, A. (ed.)]. IPCC, Geneva, Switzerland, p. 37.

业分类中,全球气候变化影响最大的系统和行业主要是生态系统、农业、水资源,以及人类健康和生活环境。气候变化会导致极端气候事件增多(例如暴雨、洪涝、沙尘暴、森林火灾等),自然生态系统发生变化(如荒漠化加剧、生物多样性减少、湖泊水位下降、海平面上升、冰川消融等),给农业生产将带来产量波动、布局和结构变动、成本和投资增加等方面的影响,可能使河流流域天然年径流量整体上呈减少趋势,水资源的供需矛盾可能会加剧。[①]而在区域分布上,北极、非洲、小岛屿、亚洲和非洲的大三角洲地区是对气候变暖的变化最为脆弱的一些地区。但是不管如何,这些科学分析结论指明的是全球正处在气候变暖带来的威胁之中。这一类数据和科学分析所支撑的正是国际气候规范的第一个答案,即气候变化的科学真实性及其对人类生活的地球环境的严重负面影响的事实。

2007年专门委员会发布的第四次评估报告相较于第三次评估报告的一大进步是:相较于第三次评估报告得出的"过去50年观测到的大部分变暖可能是由于温室气体浓度增加"的结论,第四次评估报告明确指出:"自20世纪中叶以来,大部分已观测到的全球平均温度的升高很可能是由于观测到的人为温室气体浓度增加所导致的。"[②]所以人为因素成为气候变化的主因已是科学事实。这样,如果要解决气候变化问题,如何减少人为排放温室气体成了解决方案的核心。并且不容置疑的是,人为手段减少温室气体排放、减缓气候变暖的进程是可行的,因为"有高一致性和充分证据表明,在所有经过分析的世界区域内,作为采取减少温室气体排放行动的结果,减少空气污染所产生的近期健康共生效益可能是相当可观的,并可抵

---

①涂瑞和:《〈联合国气候变化框架公约〉与〈京都议定书〉及其谈判进程》,《环境保护》2005年第3期。

② IPCC, 2007, Climate Change 2007: Synthesis Report. Contribution of Working Groups I, II and III to the Fourth Assessment Report of the Intergovernmental Panel on Climate Change [Core Writing Team, Pachauri, R.K and Reisinger, A. (ed.)]. IPCC, Geneva, Switzerland, p. 37.

消相当一部分减缓成本"①。

气候问题和很多环境问题一样,解决这个问题需要考虑的各方面影响因素很多,是一种公共资源。涉及公共资源问题的解决通常很难依靠市场这个"看不见的手"的运作,因为人类"自私的基因"②使得人们的理性选择必然导致非理性的结果,即整个资源体系的崩溃。而另一方面,个人的努力在公共资源问题上几乎不起作用,甚至可以说只要有一个人不配合就不可能实现可持续发展的目标,而这个"不配合的人"往往会得到最大的收益,这和"囚徒困境"是相似的逻辑。而和很多环境问题不一样的是,气候问题所涉及的规模更大或者说最大——全球。因此,这也是国际气候谈判需要国际社会成员的共同参与和合作的原因所在。至此,就回答了气候问题所提出的三个问题:气候变化是真实,并且正在对人类生活的地球环境产生着严重的负面影响;而人为因素是全球气候变暖的最主要因素,可以通过人为努力有效地减缓气候变暖趋势;这种努力需要所有国际社会成员共同参与国际合作,才能真正实现减少温室气体排放的目标并且实现其公平性和人道主义责任。这些考量明显地体现在《京都议定书》的安排上,是国际气候规范的具体体现。

(二)气候谈判进程及《京都议定书》

吉登斯(Anthony Giddens)认为,可以将资源分为分配性资源(allocative resources)和权威性资源(authoritative resources)两类,③分别代表了物质和对物质的支配权利。这两者有时分离,有时结合在一起,比如"某人拥有该片土地的使用权"便同时包含了这两类资源。在气候谈判进程中,各

---

① IPCC, 2007, Climate Change 2007: Synthesis Report. Contribution of Working Groups I, II and III to the Fourth Assessment Report of the Intergovernmental Panel on Climate Change [Core Writing Team, Pachauri, R.K and Reisinger, A. (ed.)]. IPCC, Geneva, Switzerland, p. 59.

②Richard Dawkins, *The Selfish Gene*, Oxford, NY: Oxford University Press, 2006.

③Anthony Giddens, *The Constitution of Society*, Cambridge, UK: Polity Press, 1984.

国争论不休的一个问题便是气候问题责任和分配公平的问题。[1]也就是说,谁应该为气候变化承担更多的减排任务和成本,这就关系到各自的经济发展问题。换个角度,所谓责任和分配,涉及的仍然是有限资源的分配。在气候谈判进程中,国际社会中的各个国家行为体可以分配到的温室气体排放量是有限资源,需要在国际社会中得到分配。根据吉登斯的分类,可以将温室气体排放量看作供分配和使用的有限资源,将其运用到气候变化问题中,得到下面的分类表(见表4-1)。

表4-1　气候问题中的资源分类

分配性资源(物资)	权威性资源(权力)
可供排放的温室气体总量	所有权
	排除他人使用的权利

　　显然,在国际气候谈判中,国际社会成员之间进行争夺的是有限的、可供排放的温室气体总量,需要在各国之间进行分配,获得较多温室气体排放许可的国家就拥有了更多地发展需要排放温室气体的产业的机会,而获得温室气体排放许可实际上和承担较少减排任务是一样的概念。这样,国际气候规范的制度建设便主要围绕温室气体的减排及其责任分配而展开就是自然而然的了。但是正因为减排和限排温室气体直接涉及各国的利益(尤其是经济发展),而减排的结果又是整个国际社会的成员都能享受到的(不管自己是否付出了减排的成本和代价),各方很难对分配责任达成一致,都必然尽量降低自身的减排义务。这也正是国际气候协议经过了长时

---

①James P. Bruce, Hoesung Lee, and Erik F. Haites, ed., *Climate Change 1995: Economic and Social Dimensions*, Cambridge: Cambridge University Press, 1996, Chapter 3; Richard Samson Odingo etc. ed., *Equity and Social Considerations Related to Climate Change*, Nairobi: ICIPE Science Press, 1994; Paul G. Harris, "Considerations of Equity and International Environmental Institutions", *Environmental Politics*, 5, 2, Summer 1996, pp. 274-301; Fen Osler Hampson, and Judith Reppy, ed., *Earthly Goods: Environmental Changes and Social Justice*, Ithaca: Cornell University Press, 1996.

间艰难地谈判才逐渐成形的原因。

1990年12月2日第45届联合国大会通过了第45/212号决议,决定设立气候变化框架公约政府间谈判委员会(Intergovernmental Negotiation Committee, INC, 以下简称谈判委员会),谈判委员会在1991年2月至1992年5月期间共举行了6次会议(第1次会议至第5次会议续会)。虽然与会谈判的各个国家在《公约》的关键条款上争执不下,特别是在发达国家和发展中国家、西北欧(即现在的欧盟国家)与美国之间矛盾尤其突出,但是最终仍是在里约环境与发展大会召开之前达成了妥协,于1992年5月9日在纽约通过了《公约》,并在里约环发大会(联合国环境与发展大会)期间供与会各国签署,并最终于1994年3月21日生效。截至2009年10月,该《公约》共有192个缔约方,绝大多数国家都是《公约》的缔约方。由于《公约》中的缔约各方并没有就气候变化问题的综合治理制定具体可行的措施,仅仅规定发达国家应该在20世纪末将其温室气体排放恢复至1990年的水平,并没有规定减排的量化指标。为了使全球温室气体排放量减少到预期水平,就需要各国做出更加细化和有强制力的承诺。1995年在柏林举行的公约的第一次缔约方大会(COP1)认为上述承诺不足以缓解全球气候变化,为此会议通过了"柏林授权",决定谈判制定一项议定书,为发达国家规定了2000年后减排的义务及时间表;同时,决定不为发展中国家引入除《公约》义务以外的任何新义务。在此背景下,1997年12月于日本京都召开的第三次缔约方大会(COP3)上,《〈联合国气候变化框架公约〉京都议定书》(简称《京都议定书》)便应运而生。在《公约》的基础上,《京都议定书》对如何减缓气候变化和相关对策都做出了较为细化的规定,并制定了具有强制力的减量目标,为发达国家规定了有法律约束力的定量化减排和限排指标,而没有为发展中国家规定减排或限排义务。可见,《京都议定书》是对《公约》的补充,后者鼓励发达国家减排,而前者强制要求发达国家减排,具有法律约束力。

(三)美国在国际气候问题中的地位与角色

气候问题出现在国际社会的视野中的时间并不长,可以说是从20世纪80年代才开始成为一个重要的国际话题。而从美国政府方面来说,老布什政府时期的美国政府从未接受过专门委员会在气候问题上的科学陈述。但是从克林顿政府时期开始,美国开始积极地参与其中,接受了专门委员会的科学阐述,而克林顿总统本人也成为主要的倡导者之一。1993年,副总统戈尔对联合国可持续发展委员会表示:美国和其他发达国家对全球环境有着重要的影响,而美国需要为此承担必要的责任。1993年4月,克林顿总统公布了自主稳定美国温室气体(Greenhouse Gas)排放量的方案,此后,又在当年发布了气候行动方案(Climate Action Plan)。白宫环境保护办公室还对美国工业企业发出警告,如果自主减排行动无法成功减少温室气体的排放,那么更多的政府强制行动将会得到推行。[1]虽然2000年美国的温室气体排放超过了1990年排放量13%,没有实现美国1992年签署和1993年重申的《公约》目标,但是克林顿政府的气候行动计划所执行的减排70%都达到了预定目标,否则美国的排放量将更为巨大。[2]美国政策最大的转变体现在1996年召开的《公约》第二次参与方会议上,当时的美国代表表明美国愿意支持成立一个有约束力的国际协议的谈判,设立发达国家减少温室气体的目标和时间表。有报道对此表明:"尽管克林顿政府并没有设计出特别的目标和时间表,但是这种姿态传达了对抗击气候变化比过去的自主行动方案更为积极的信号。"[3]

需要强调的一点是,即便如此,克林顿政府也一直强调发展中国家在

---

[1]Wayne A. Morrissey and John R. Justus, "Global Climate Change", *CRS Issue Brief for Congress*, no. 89005, Washington, DC: Congressional Research Service, 1997.

[2]John H. Cushman, Jr., "U.S. Greenhouse Gas Release at Highest Rates in Years", *New York Times*, 21 October 1997.

[3]John H. Cushman, Jr., "Washington Targets Global Warming", *International Herald Tribune*, 18 July 1996, p. 10.

气候减排上的责任和义务,缺乏发展中国家参与的国际气候减排行动"将会严重损害美国经济"[1]。不过,美国政府也的确开始在海外开展了帮助发展中国家实施气候减排的一些计划。例如,直至1997年中期,美国的联合实施项目(Joint Implementation Program)已经至少在11个国家开展了25个项目,其他一些推进能源效率和旨在应对气候变化的世界性项目也得到了20亿美元的资助。[2]

这样看来,美国政府对气候变化的确做出了一些积极的姿态和确实的行动,那么为什么国际社会对美国对国际气候谈判和《京都议定书》缔结的参与这么看重?首先,从气候变化问题的性质来看,这是全球层面的公共产品问题,缺少任何一国的参与都很有可能导致整个合作管理公共资源的方案失败。一方面,温室气体排放总量影响着气候变暖的速度趋势,缺少全球的共同参与很有可能导致无法达成减排的目的,那么其他国家合作减排的努力也将付诸流水,或者其他参与合作的国家需要付出更多的努力和成本,才能弥补不参与减排合作的国家消耗的那部分,从而达到减排目的,而其他参与合作的国家不一定能够负担得起这样沉重的负担;另一方面,全球气候变暖的解决既然是国际社会成员都能够享受到的开放性资源(open access),那么不参与合作却能够享受到其他国家付出经济发展成本来限制温室气体排放的成果就必然意味着不公平;进一步地,有些国家不付出而坐享成果的情况会产生不良的示范效应,其他原本参与合作的国家很可能因为自身付出的成本越来越高或者对此感到不公平,从而效仿那些不参与合作的国家,合作管理温室气体排放的方案自然也就失败了。公共产品始终面临着类似搭便车的问题,如何将享用公共产品的成员都动员进入合作机制始终是解决此类问题的核心。

其次,美国在温室气体减排问题上具有特殊意义。一方面,美国是全

---

[1]Congressional Record, 25 July 1997: S8138.

[2]U.S. Department of State, *Climate Action Report*, "International Activities", 1997.

球第一大温室气体排放国,1996年其以仅占世界4%的人口排放了导致气候变化的25%温室气体,[1]因此美国减少温室气体排放会对气候变化问题产生十分正面的影响。在《京都议定书》规定的生效条件中,其中一条是要求55个《公约》缔约方批准《京都议定书》,并且其中批准《京都议定书》的附件1国家(指工业化国家)缔约方1990年温室气体排放量之和要占全部附件1国家缔约方1990年温室气体排放总量的55%。而美国1990年温室气体排放量占全部附件1国家排放总量的36.1%,如果美国拒绝批准《京都议定书》,那么必须几乎所有其他附件1国家都要批准才能够达成《京都议定书》生效的条件。因此,当美国2001年决定和宣布退出《京都议定书》后,几乎使《京都议定书》陷于失败的阴影之中,这也是美国在这个问题上遭到许多国家谴责的原因。其实很明显,虽然美国作为温室气体排放第一大国,其参与减排合作必然对全球气候变化问题的解决有很大帮助,但是其温室气体排放量大也说明其对温室气体的排放和消耗有很大的需求,或者说是依靠高消耗、高排放温室气体的工业产业来发展经济,这也是当初在《京都议定书》谈判过程中,温室气体高排放国家美国、日本、加拿大、澳大利亚和俄罗斯等国家组成的"伞形集团"会对减排任务比较消极的原因。[2]另一方面,美国作为领导性的大国在国际社会中具有相当"示范效应",其作为发达国家所具备的削减温室气体排放的能力也对实现全球气候治理有至关重要的作用。

---

[1] Energy Information Administration, *Emissions of Greenhouse Gases in the United States 1996*, Washington, DC: Energy Information Administration, 1997; Energy Information Administration, *Annual Energy Review 1996*, Washington, DC: Energy Information Administration, 1997.

[2] 在国际气候谈判过程中,主要可以分为欧盟、"伞形集团"(由美国、日本、澳大利亚、俄罗斯等能源高消耗国家组成)、"七十七国集团加中国"三大集团。欧盟倾向于引领环保国际趋势,国内清洁能源的技术也比较先进,"七十七国集团加中国"集团基本与欧盟持相似观点,支持减排,但是内部存在一些分歧,而"伞形集团"国家自然希望放缓减排的步伐。

作为全球第一大温室气体排放国和能对世界其他国家产生"示范效应"的大国,美国的参与对《公约》《京都议定书》目标的达成、实现有效的全球气候治理具有至关重要的作用。从美国作为全球第一大温室气体排放国所应承担的责任、美国所拥有的削减温室气体排放的能力,以及美国作为领导性大国在国际社会中的号召作用出发,美国退出《京都议定书》的举动都严重影响了解决全球气候变化问题的进程,对国际气候规范的削弱作用是非常明显的,这也正是国际社会对美国这个决策指责不断的原因。对于全球气候变化对全球系统产生的破坏和持续的影响,国际社会对此是存在共识的,如何解决气候变化问题是各国包括美国在内都十分关注的问题。美国退出《京都议定书》带来了种种后果,如国际气候规范合法性的减弱、议定书目标实现遭到质疑等,对全球气候变化问题的解决是重大的打击。尽管最后《京都议定书》达到了生效标准,全球气候变化进程也在向前迈进,但是缺少美国的参与仍旧是解决这个问题的重大阻碍。

二、美国气候变化政策中的主要行为体及其利益诉求

在美国国内政治和外交政策制定过程中,总统和国会在几乎所有讨论中都占据着核心的地位。但是这并不排除其他一些政府和非政府的行为体在政策制定过程中也发挥着重要的影响力,尤其需要考虑的是大量的、多种多样的政策倡导团体在这其中发挥的重要作用。在气候变化这个案例中,核心的政策行为体除了白宫和国会之外,必然还包括商业企业和环境非政府组织,他们都在其中发挥着不容忽视的作用,在下文的案例分析中笔者会进行详细描述,分析反对国际气候规范的国内行为体如何结成权威联盟。

通常来说,根据这些行为体对国际气候规范的态度,可以分为反对和支持国际气候规范两类,而国内的环保组织、国际组织的国内分支机构、一些宗教组织、农业利益团体、劳工组织等都是支持国际气候规范的一些行为体。不过,在这里主要对反对国际气候规范的行为体及其利益诉求进行

较为详细的介绍和分析,因为本书案例分析的展开主要围绕这些行为体在语言实践中的策略选择所展开。但并不代表支持国际气候规范的行为体是无为的,只是限于篇幅不过多着墨。

(一)美国气候变化政策中的主要行为体

1.白宫和国会之间的张力

在对外政策制定过程中,首先要关注的是总统和国会的权力,分别代表着个人偏好和国会的立法制约对美国国际合作立场的影响。由于政治体制的原因,国会是美国批准众多国际环境公约的主要影响因素。在很多对外谈判中,美国谈判者就经常以参议院不会批准为由维护其特定的谈判立场。美国宪法规定,美国总统缔结条约,必须咨询参议院并取得2/3以上到场议员的赞同。一方面,白宫[例如环境质量局(Office of Environmental Quality)、气候变化工作小组(Taskforce on Climate Change)、可持续发展总统委员会(President's Council on Sustainable Development)等]和组成行政执行分支的联邦政府机构在设定外交政策议程上拥有大量的机构资源;但是另一方面,总统既需要获得参议院对外交合约的通过,也需要获得国会大多数代表的通过才能完成谈判交易。例如,在美国参加《京都议定书》谈判之前,美国参议院通过的"伯德·哈格尔决议"①(Byrd-Hagel Resolution),就明确规定总统不应签署"对美国经济导致严重损害的"条约。进一步地,总统的权力还受到国会许可,通过对外行动的财政支持这一事实需要所限制。

当然,总统的个人偏好对美国对外政策的制定也有很重要的影响,特别是在总统权力不断增大的趋势下。例如克林顿当选美国总统后,一改里根、老布什时期的消极环境外交政策,甚至将环境问题政治化,提升为国家安全问题,声称环境问题是冷战后对美国人民的长期安全和生活质量构成

---

①1997年6月25日,美国参议院以95票对0票通过了"伯德·哈格尔决议",要求美国政府不得签署同意任何"不同等对待发展中国家和工业化国家的,有具体目标和时间限制的条约",因为这会"对美国经济产生严重的危害"。

真正威胁的最大隐患。而其时的副总统阿尔·戈尔(Al Gore)更是积极支持环保主义,并且亲自签署了 1997 年的《京都议定书》。但是在小布什(George W. Bush)上台后却再一次逆转了美国在国际气候规范问题上的态度,通常认为他与国内石油集团有着千丝万缕联系,并且在竞选时向煤炭、电力、石油和钢铁公司许下了不控制污染物排放的诺言,与排污集团结为同盟,所以在他任期内行使了否决权,宣布美国退出《京都议定书》的决定。显然,总统的个人偏好对美国政府的国际合作决策上发挥了重要的影响力,才会在这段时期出现这两种完全不同的戏剧性转变。

这样,在行政和立法机构之间权力的划分就体现在总统和国会在权力争夺上的张力之上,当然这也是美国国家制度设立之初的设计意图。但是显然近年来的发展趋势是总统的权力开始不断增大,远远超过美国建国之初总统所更多代表的象征性意义。如此,两者在气候变化这个复杂、科学驱动和充满不确定性的问题上要达成共识就更显得困难了。但是可以确定的是,这两方在气候政策的制定和对外合约的缔结上都拥有重要的主体地位。这样,总统本身对气候问题和国际气候规范的态度与认识便很重要,他所代表的利益群体的利益诉求必然体现在他的政策主张上;而国会大多数组成代表的政党派别和政治主张也自然会反映在国会对总统决议的态度上。①因为本书研究的是美国国内行为体如何通过语言实践活动中的策略选择改变规范传播的进程,那么对美国国内政治制度和结构的关注也就成为必然。

2.商业企业及其经济关注

对于跨国企业的社会和环境责任②问题的关注往往谴责其不顾社会和环境发展而仅仅追求经济利益的短视行为,再加上很多跨国企业的年收入

---

① 例如美国总统所属政党与国会多数席位的政党派别是否一致在很大程度上就影响了国会对总统提议的通过率和支持率。

② David Apter, Louis Wolf Goodman, ed., *The Multinational Corporation and Social Change*, New York: Praeger, 1976.

甚至要比某些国家的国内生产总值还要高，[1]对跨国企业社会责任的要求就更是受到关注。的确，从20世纪70年代至80年代中期，跨国企业以及其他商业企业对于早期的一些防止污染的方案都持负面态度，只有在完全必要的情况下才会执行类似环境管理的规定。但是到了80年代中期，很多企业认识到将环境问题融入其发展战略中的重要性：一是长期来看，对企业降低成本是有好处的；二是对企业声誉的提升有助于其商业利益的获取。所以从这段时期开始，不少商业企业的态度开始发生转变，变成提倡环保并自动参与环保合作，其中最明显的体现就是跨国企业对气候变化的态度，转折点则是英国石油阿莫科公司（British Petroleum Amoco，占世界人为排放二氧化碳总量1%的公司）总裁约翰·布朗于1997年在斯坦福大学发表演讲，呼吁处理气候变化问题的"预防性方案"。[2]约翰·布朗的这番演讲当时引起了许多媒体关注和评论，他是第一个采取积极行动应对气候变化的大型跨国公司的首席执行官，而英国石油公司（British Petroleum）也成为第一家公开承认全球气候变暖风险的石油公司，并且制定了自身减少温室气体排放的目标。这样，商业企业在气候变化问题上便分成了两个泾渭分明的阵营：或者反对，或者支持温室气体排放管制和《京都议定书》。这种情况同样发生在美国的商业企业之中，商业企业群体中对待国际气候规范的态度不再是完全一致的了，反对和支持国际气候规范的各有其阵营。

3. 其他主体

商业企业是最可能受到以温室气体减排为目标的《京都议定书》负面影响的行为体，而决定对外政策和气候政策的核心政府部门主要是总统和国会所代表的行政和立法机构。但是除此之外，能够对国际气候规范在国内的合法性地位、影响公众对气候问题认识的并不仅仅是上述这两类行为体。

---

①比如，美国零售商沃尔玛的年度收入就相当于希腊的国内生产总位。John Stopford, "Multinatinal Corporations", *Foreign Policy*, No. 113, Winter, 1998-1999, pp. 12-24.

②具体演讲内容可参见：http://www.gsb.stanford.edu/community/bmag/sbsm0997/feature_ranks.html。

　　首先,媒体就是很重要的一类行为体。作为信息的传播渠道,媒体既是信息提供者得以传达信息的中介,是信息提供者提供的信息得以抵达其所希望获知这些信息的信息接受者那里的中介;又是具有决定权的信息接受者获得所需信息的中介。在这里,社会公众虽然是信息接受者,但是决定规范合法性地位的最终权力还是在公众手里,没有他们的参与"投票",无法实现规范传播的最终目的,即社会化。不过,媒体本身很难说是气候问题决策过程中一类具有自主利益的行为体,或者说本书并不打算对媒体组织本身所具有的自身利益在其对国际气候规范问题上的选择进行分析。但是,并不是否定媒体在规范传播中作为行为体的能动性作用,因为媒体的确在规范传播中占据了极其重要的作用。因此,在这里,更主要的是把媒体视为美国国内反对国际气候规范的行为体争取和利用的一类行为体。

　　其次,气候变化作为一个科学驱动的问题,自然不能离开科学研究者这类行为体在其中的作用。从最初气候变化开始受到国际社会的关注上升至政治议题,都受到关注气候问题的科学家所推动。但是作为一个还存在不确定性的问题,尽管不断有科学依据证实气候问题的真实性,仍然存在一些科学实验数据表明气候变化问题的不确定性,气候变化的真实性、对全球环境的影响,以及人为因素是否为主因、人为努力是否能够减缓气候变暖趋势等,都仍然还存留不少疑问和科学研究的空间。如2001年6月,美国最有权威的科学机构美国国家科学院便曾应布什政府要求进行了一项研究,起草报告的工作组包括了几个此前对全球变暖的现实和严重性表示怀疑的气候科学家,公开强调全球气候变化问题上的不确定性。

　　此外,鉴于温室气体减排与经济成本之间有一定联系,而美国国内反对国际气候规范的行为体将国际气候规范的问题领域重新框定为经济问题领域,那么经济领域的行为体如经济学家和研究人员、经济研究机构等也都在其中扮演了重要的角色。还有一些由商业企业推动成立的非政府组织也同样在这个过程中发挥了重要作用。一些由商业企业形成的联盟等也同样是气候问题中的重要行为体,比如创建于1989年的全球气候联盟,代表着600万家商业、公司和企业,成员主要为化石燃料的使用者,例如石油、汽车和电力部门及其他能源密集部门,其宗旨在于协调商业界参与关于全球气候变化的国际政策争论,主张采取以技术为基础的气候政策,而不是对温室气体的排放进行削减,宣称要长期和强硬地反对《京都议定书》。①又如美国的煤炭、石油和公用事业利益集团建立了一个联盟,称为环境信息委员会。正如有人所说,其目的在于"使全球变暖依然属于一种理论,而不是事实"②。再加上法律的颁布是对某类规范合法性地位的体现和提升,那么律师等法律领域的专家对气候问题相关法律条文的解释也同样对气候规范在国内的传播进程产生着作用。

　　还有学者提到,美国军方也是对《京都议定书》关注的行为体之一,而安全利益是美国拒绝《京都议定书》的重要因素。伯德·哈格尔决议的主要倡议者之一哈格尔(Chuck Hagel)于1997年10月3日在参议院的发言中就曾提到:"这将对我们的国家安全利益造成毁灭性的影响——谁是美国最大的化石燃料使用者?美国军队。我们真的要谈论让我们的国家安全和国防受不明确的环境诉求支配吗?我认为这样做是不明智的。我认为美国人民不希望政策制定者如此行事。"③根据美国国防部的评估,如果军方因为碳减排的需要而削减10%的燃料消耗的话,对陆军而言,将会导致每年减少3218万公里的坦克训练,并因此较大地降低装甲机械化部队的部署速度;对海军而言,将会因碳减排而每年削减2000个航行日(steaming days)的训练和行动;对空军而言,将会被迫每年减少21万飞行小时的训练和行动。④这也是在京都回合的谈判过程中,美国军方专门派出代表参与谈判,

---

　　①②薄燕:《国际谈判与国内政治:对美国与〈京都议定书〉的双层博弈分析》,复旦大学国际关系专业博士学位论文,2003年,第93页。

　　③Proceedings and Debates of the 105th Congress, October 3, 1997, 143 Cong. Rec. S10308-01,转引自董勤:《安全利益对美国气候变化外交政策的影响分析——以对美国拒绝〈京都议定书〉的原因分析为视角》,《国外理论动态》2009年第10期。

　　④董勤:《安全利益对美国气候变化外交政策的影响分析——以对美国拒绝〈京都议定书〉的原因分析为视角》,《国外理论动态》2009年第10期。

坚持要求将军事行动的碳排放全部纳入《京都议定书》的豁免范围的原因。

总之，气候问题的复杂性和其覆盖领域的广泛都导致参与气候决策的进程中的行为体种类繁多，这些行为体如何在国际气候规范向美国国内传播的过程中发挥作用都会在下面的案例分析中得到进一步的展示。很显然，正如第三章对策略一所阐述的那样，这些来自各个领域的行为体各自代表和拥有不同的权威，他们联合形成一个庞大的权威联盟作为挑战者，运用前述分析提到的三类策略，开展挑战国际气候规范在美国国内的合法性地位的语言实践活动，成功挑战了国际气候规范在美国国内的合法性。

（二）反对国际气候规范的美国国内行为体的利益诉求

在气候变化问题和国际气候规范上，对美国气候政策具有影响力的行为体众多，正如上面谈到的，从企业、非政府组织到政府组织都有不少组织具备影响政策形成和决定过程的能力，而由于他们各自身份、地位的不同，在气候规范上的利益诉求也不尽相同，但是就反对国际气候规范的规范挑战者来说，虽然具体的利益诉求并不一致，但是拒绝接受国际气候规范本身就是保障和实现利益的重要目标。

首先，化石燃料行业显然在气候变化问题和国际气候规范上具有特殊利益关系，或者确切地说国际气候规范的传播会明显对其产业发展产生影响，并且是负面的，减少温室气体排放会大幅度削减他们的利润和在市场中的权力。所以当气候变化问题在20世纪80年代开始吸引大众注目之时，化石燃料企业也自然意识到了问题的严重性，开始采取行动并成为美国国内反对国际气候规范的主要行为体之一。当1990、1992、1995年专门委员会的气候报告不断证明气候问题的真实和急切性时，具有特殊利益的这些工业企业开始与一些对气候变化持怀疑态度的科学研究人员联合起来，提供资金支持这些不赞同专门委员会报告结论的研究人员开展相应研究，并且提供发布相关信息的渠道。可以说，在20世纪90年代，这些化石燃料企业与气候变化科学展开了一场全面的宣传大战。

有学者对20世纪90年代14个特殊利益集团所提出的224份文件和广

告进行了系统的内容分析,概括其内容主要包括如下三方面:一是全球变暖的科学依据是脆弱甚至错误的,二是全球变暖的发生是有益的,三是全球变暖更多带来正面结果。①那么这些特殊利益集团的辩解是对国际气候规范在美国国内传播受阻的原因吗? 公众认可这些解释吗? 1998年,两个由国际政策态度项目(Program on International Policy Attitudes, PIPA)进行的问卷调查结果显示,"绝大多数的美国公众认为全球变暖是真实的,并且需要付诸行动去改变这个趋势","大多数美国人倾向于支持国会通过《京都议定书》"。②这样看来,似乎这些特殊利益集团的辩解基本是无效果的。那么为什么美国政府退出《京都议定书》、拒绝国际气候规范的行为会得到美国公众的许可?

在回答这个问题之前,我们先考察另一类积极参与了反对国际气候规范的语言实践活动的行为体,即保守派智库。尽管有学者认为,环境保护主义所倡导的理念与传统的自由主义-保守主义是正相交的,③但是研究却通常显示保守主义往往与环境保护倾向的态度和行为体存在负面关系,尤其在政治精英中更为明显。而对此的解释通常认为,环境保护主义所要求的环保措施需要政府对经济行为施加更多的约束和管制,而这就与自由主义的原则相违背了。但是至今为止的许多环保措施例如管制空气和水污染等都没有对工业资本主义造成主要的威胁,虽然有部分来自工业领域的抗议。但是全球气候变暖的问题却与以往的环境问题不太一样,全球气候变暖作为一个严重的问题的提出,必然会带来一个全球性的具有约束力的

---

① Aaron M. McCright, and Riley E. Dunlap, "Challenging Global Warming as a Social Problem: An Analysis of the Conservative's Movements Counter-claims", *Social Problems*, Vol.47, 2000, p. 510.

② Aaron M. McCright, and Riley E. Dunlap, "Defeating Kyoto: The Conservative Movement's Impact on U.S. Climate Change Policy", *Social Problems*, Vol. 50, 2003, No. 3, p. 349.

③ Robert Peahlke, *Environmentalism and the Future of Progressive Politics*, London: Yale University Press, 1989.

协议(很明显《京都议定书》就是这样的国际协议),而这样的协议必然会对美国自由市场、国家主权乃至政府的管理都造成威胁。这样,倡导气候变暖严重性及其解决的国际气候规范必然与这些保守主义智库的理念和利益产生冲突。

除此之外,上面讨论美国气候变化政策中的主要行为体提到的美国总统、白宫和国会等政府组成,质疑气候变化真实性的科学家等都在不同层面对气候规范存有不同的利益诉求,但是在此并不打算对此进行深入分析和辨别。

一方面,这些反对国际气候规范的行为体虽然出发点和利益诉求不甚一致,但是对国际气候规范的反对是相同的,可以说他们都是利益攸关方(stakeholder),他们从不同的角度对气候问题提出质疑,阐述的侧重点也有所不同。在这里可以首先部分回答前面提出的问题,即化石燃料企业对气候问题真实性和负面影响的质疑为什么没有改变公众的态度,但是公众仍然接受了退出《京都议定书》的政府决策:不同行为体在反对国际气候规范的语言实践活动中起到不同的作用,化石燃料企业的阐述虽然没有改变公众对气候问题真实性的看法,但是在此后其他行为体对气候规范合法性的质疑成功之后便成了推动质疑气候规范合理性的重要根据。所以不同行为体在反对国际气候规范的语言实践进程的不同阶段产生着不同的作用,但是都作为反对国际气候规范的权威联盟中的一员在各自的权威领域产生着作用,调动了不同的语言关系资源。这些过程都会在下面的具体案例分析中得到详细解释。但是不管如何,他们的行为目的之一就是要使得美国政府做出拒绝接受《京都议定书》的决策,在这一点上他们之间是存在共识的,而不管他们各自的利益诉求为何。

另一方面,笔者并不想卷入辨析各类政治行为体利益诉求的复杂难题之中,对于不同行为体的身份地位和真实利益定义,这仍然是学术界存在重大争议的论题,而且在本书的论述中,寻找这些共同反对气候规范的国内政治联盟成员各自的利益诉求并不是研究的目的。正如前面所述,不管各类行为体的真实利益诉求为何,拒绝接受《京都议定书》是他们的共同目标,也不需要去逐个列举和分析各类行为体在此事件中的利益本质。所以在此撇开"利益界定"这类极其容易陷入争论和矛盾纠结的问题,可以确认拒绝接受《京都议定书》是他们共同的政策目标,由此展开对他们为实现这个目标实践的语言活动进行分析,探讨他们在这个过程中采用的策略和相应效果评析,便可以实现本书探讨行为体策略选择在突破结构束缚上的可能性的目的。

三、美国国内公众对国际气候规范的认识和态度

气候问题在全球范围内成为被关注的主题虽然时间并不长,从20世纪80年代开始到现在,但是气候规范在全球范围内的传播速度却很快,国际社会对气候规范所形成的共识以一个个国际协议的形式出现,其中非常具有里程碑意义的就是1997年达成的《京都议定书》,可以说是国际气候规范在国际社会中获得广大国家成员认同的标志之一。但是美国退出《京都议定书》却给这个发展蓬勃的国际规范蒙上了一层阴影。前面已经谈到美国在国际气候规范和气候问题的解决上所存在的重要意义,也已经对美国国内重要的参与气候问题决策的行为体进行分析,特别对那些反对气候规范在美国国内获得合法性上有特殊利益诉求的行为体进行了探讨。但是这些行为体多数属于掌握着重要政治资源的团体和个人;而美国的政治、社会体制使得探讨一类规范在美国国内的合法性问题必然需要分析公众的意见和态度,这在前文文献梳理中已经对国内观众成本这类因素进行过一定的解释。此外,还需要对国际气候规范在美国国内传播的环境基础进行分析,考察美国国内的社会文化观念是否与国际气候规范相抵触,因为本书论证的逻辑基础之一就是美国国内规范(文化)结构是与国际气候规范基本相契合的。因此,本部分将对美国国内公众对国际气候规范和气候问题的认识和态度进行分析。

通过洛普民意调查中心档案库所收集的一系列民意调查结果,笔者对

美国国内的民意情况进行分析,主要针对美国国内公众对气候问题,以及与国际气候规范相关的一系列问题的认识和态度进行分析。[①]此处考察了从1997年1月1日至2002年12月31日6年间的民意调查结果:1997年12月,在日本京都召开的《公约》参加国第三次会议上制定了《京都议定书》,并且开始开放参与国签署通过该议定书;而2001年美国总统布什宣布正式退出《京都议定书》之后,于2002年提出的美国温室气体减排新方案则作为《京都议定书》的替代方案对国际社会及国际气候规范做出了相应的回应。这段时间与"全球变暖"相关的问卷调查共有287个,[②]接下来将对不同主题的问卷调查进行分类分析,主要根据我们在第三章就已经探讨过的国际规范的三个核心问题进行分类:一是气候变化的科学真实性及其对人类生活的地球环境的严重负面影响的事实;二是人为因素对全球气候变暖是近现代气候变化的最主要因素并且能够通过人为努力减缓气候变暖趋势的认识;三是通过所有国际社会成员参与国际合作来减少温室气体排放的公平性和人道主义责任。

　　首先,对全球变暖的严重性、真实性和迫切性的认识是对气候规范态度的一个首要基础。从档案库中,在1997—2002年期间每年选取至少一个以上的问卷调查,按照时间顺序进行详细介绍,这样也可以确切地看清公众的态度和认识是否随着时间变迁发生变化,并且尽量对相似问题的民意调查在不同时间段的结果进行比较。在1997年1月的一份问卷调查中,题为"你认为全球变暖会否是在下个世纪会变得严重的问题"的问卷调查显示,54%的被调查对象表示肯定、35%则表示反对、11%表示不知道。[③]

---

　　①此部分的问卷调查结果皆来自埃默里大学图书馆数据库中的洛普民意研究中心所收集的民意调查结果。

　　②下文中所引用的问卷数据都来自洛普民意调查中心的数据库,具体问卷问题及结果参见附录1。

　　③PSRA/Newsweek Poll, Jan, 1997. Retrieved Apr-1-2012 from the iPOLL Databank, The Roper Center for Public Opinion Research, University of Connecticut. http://www.roper-center.uconn.edu.proxy.library.emory.edu/data_access/ipoll/ipoll.html.

而在1997年8月的一份问卷调查中,对于"全球变暖是一个正在发生的问题,还是将来会发生的问题,或者你认为不会发生的问题,或者你对此没有意见"的问题,调查结果则表明,50%的人认为全球变暖发生在现在,24%的人认为将来会发生,只有10%的受访者表示全球变暖不会发生,16%表示不清楚。[①]

由于1997年底在日本京都召开的气候大会得到了全世界的关注,此后一直到1998年的上半年大多数问卷调查的核心问题主要围绕《京都议定书》展开。一直到1998年9月才有一份题为"有人认为地球温度不断升高是空气污染导致的结果,从长期来看全球变暖将会带来灾难性的结果,你是否听说、相信全球变暖是真实的"的问卷调查结果显明,74%的受调查者相信全球变暖是真实的、22%的受调查者则不相信、3%表示不知道或者拒绝回答。[②]

此外,只在1997年12月气候大会期间有一份问卷调查询问了类似问题:"你是否认为全球变暖应该被视作一个非常严重、有些严重或者不严重的问题来对待?"问卷的结果如下:47%表示全球变暖应被视作非常严重的问题来对待、40%认为有些严重、11%则认为不严重、2%表示不知道。[③]

1998年,戈尔副总统曾经代表美国政府签署《京都议定书》,但是并没有提交参议院进行表决通过。而在1999年的问卷调查中,其中一份题为"请告诉我你是否担心下列我提出的环境问题:是非常担心、比较担心、一

---

① World Wildlife Fund National Survey, Aug, 1997. Retrieved Apr-1-2012 from the iPOLL Databank, The Roper Center for Public Opinion Research, University of Connecticut. http://www.ropercenter.uconn.edu.proxy.library.emory.edu/data_access/ipoll/ipoll.html.

② Wirthlin Quorum Survey, Sep, 1998. Retrieved Apr-1-2012 from the iPOLL Databank, The Roper Center for Public Opinion Research, University of Connecticut. http://www.ropercenter.uconn.edu.proxy.library.emory.edu/data_access/ipoll/ipoll.html.

③ Harris Poll, Dec, 1997. Retrieved Apr-1-2012 from the iPOLL Databank, The Roper Center for Public Opinion Research, University of Connecticut. http://www.ropercenter.uconn.edu.proxy.library.emory.edu/data_access/ipoll/ipoll.html.

点点,或者一点也不担心温室气体效应或全球变暖"的问卷调查结果显示,
28%的人表示非常担心、31%表示相当担心、24%表示只有一点点、只有
16%表明一点也不担心、2%表示不知道。①有意思的是,在同一年的9月,有
一份问题基本一样的问卷,但是由不同问卷调查机构进行的问卷调查报告
显示,30%的受访者表示非常担心、29%表示相当担心、25%表示只有一点点
担心、只有14%表示一点都不担心、2%表示不知道。②随着时间推移,担心全
球变暖的公众仍然占据大多数,其比例远远高于完全不担心的公众比例。

　　而当知名的民意测验和商业调查咨询公司盖洛普对于同样一个问题
在2000年4月进行问卷调查时,结果显示更多的受访者表示担心全球变暖
问题,其中40%表示非常担心、32%表示相当担心、15%表示有一点担心、
只有12%的受访者表示一点也不担心了、1%没有反馈意见。③似乎担心全
球变暖的公众比例越来越多,气候问题的真实性受到更多国内公众的认
可。当盖洛普在2001年3月就同样的问题进行调查时,担心全球变暖的公
众比例似乎有所回落,不知道受到布什政府退出《京都议定书》的宣告有多
大影响,但是比例和此前1998年的两次调查相比仍然要高一点,33%表示
非常担心、30%表示相当担心、22%表示只有一点点担心,而只有13%表示
一点也不担心、2%没有发表意见。④

---

① Gallup/CNN/USA Today Poll, Mar, 1999. Retrieved Apr-2-2012 from the iPOLL Databank, The Roper Center for Public Opinion Research, University of Connecticut. http://www.ropercenter.uconn.edu.proxy.library.emory.edu/data_access/ipoll/ipoll.html.

② Pew News Interest Index Poll, Sep, 1999. Retrieved Apr-2-2012 from the iPOLL Databank, The Roper Center for Public Opinion Research, University of Connecticut. http://www.ropercenter.uconn.edu.proxy.library.emory.edu/data_access/ipoll/ipoll.html.

③ Gallup Poll, Apr, 2000. Retrieved Apr-2-2012 from the iPOLL Databank, The Roper Center for Public Opinion Research, University of Connecticut. http://www.ropercenter.uconn.edu.proxy.library.emory.edu/data_access/ipoll/ipoll.html.

④ Gallup Poll, Mar, 2001. Retrieved Apr-2-2012 from the iPOLL Databank, The Roper Center for Public Opinion Research, University of Connecticut. http://www.ropercenter.uconn.edu.proxy.library.emory.edu/data_access/ipoll/ipoll.html.

2000年底的一份问卷调查让受访者根据他们对全球变暖问题的关注度进行评分,以0~10来评分,10分表示极其关注该问题,5分表示有点关注,0分则表示一点也不关注。结果显示如下:0~2分的受访者占8%,3~4分的占7%,5分即有点关心全球变暖问题的占15%,比这个关心程度稍高些的6~7分则占了22%,最为关心即给了8~10分的受访者比例占到了46%,表示不知道的占了2%。①克林顿政府时期曾把全球气候变暖问题与国家安全挂钩,说明气候问题的重要性,那么布什政府时期公众对此问题的态度是否发生了转变呢? 2001年底的一份问卷调查表明,当问到"请告知你是否认为如全球变暖这样的环境问题会是对美国国家安全严重的威胁、一定的威胁、微弱的威胁或者不是威胁"时,33%认为全球变暖是对美国国家安全的严重威胁,31%认为是一定的威胁,19%认为是微弱的威胁,只有13%认为完全不是威胁,4%表示不知道或拒绝回答。②

2002年3月的一份问卷调查更进一步表明大多数公众认为全球变暖是正在发生的事情,有53%的受访者认为全球变暖已经开始了,5%认为在近几年会发生,13%认为在自己有生之年会发生,17%认为会在后代的生活中发生,只有9%认为全球变暖绝不会发生,3%没有发表意见。③

如此看来,这6年间公众对国际规范的基本气候问题真实性的态度和认识是比较一致的,多数公众认可全球变暖是个真实且正在发生的事实。

---

①Post-Election Survey, Nov, 2000. Retrieved Apr-2-2012 from the iPOLL Databank, The Roper Center for Public Opinion Research, University of Connecticut. http://www.ropercenter.uconn.edu.proxy.library.emory.edu/data_access/ipoll/ipoll.html.

②Global Engagement Survey, Dec, 2001. Retrieved Apr-2-2012 from the iPOLL Databank, The Roper Center for Public Opinion Research, University of Connecticut. http://www.ropercenter.uconn.edu.proxy.library.emory.edu/data_access/ipoll/ipoll.html.

③Gallup Poll, Mar, 2002. Retrieved Apr-2-2012 from the iPOLL Databank, The Roper Center for Public Opinion Research, University of Connecticut. http://www.ropercenter.uconn.edu.proxy.library.emory.edu/data_access/ipoll/ipoll.html.

其次,气候规范的一个核心内容是在认同人为因素是全球变暖的主要因素的基础上采用人为减排的方式减缓气候变化的趋势,那么对这个观点的态度一定程度上决定了公众是否认同制定有限制性的国际气候协议来应对气候问题。

1997年11月的一份民意调查问道:"你认为全球变暖是地球气候的正常波动,还是汽车、设备和其他工业设施燃烧使用煤炭、汽油和石油等排放出来的温室气体导致的?"结果表明,58%的受调查者认为,是人为因素带来的温室气体排放导致了全球变暖,18%的人认为是正常的气候波动、10%表明两个因素兼具、1%的人则选择都不是或者全球变暖没有发生、14%表明不知道。[1]这份问卷调查一方面表明否认全球变暖的人很少,只占1%中的一部分(因为该选项还包括否定上述两个原因不是全球变暖的主因但不一定否定全球变暖的态度);另一方面则更是表明,大多数人认为人为因素带来的温室气体排放增加是全球变暖的主因。2000年的一份问卷调查询问了类似的问题:"你是否相信如下理论:温室气体的排放量的增加是导致全球变暖和普遍温度升高的原因?"结果显示,72%的人表明相信、只有20%表示不相信、9%表示不清楚或者拒绝回答。[2]这样看来,相信人为排放温室气体的增加是全球变暖的主因的公众比例是在上升的。同样地,同一个问卷调查机构在2001年进行的一样问题的问卷调查结果显示,75%的人表示相信、19%表示不相信、6%不确定或者拒绝回答。[3]而

---

[1]CBS News/New York Times Poll, Nov, 1997. Retrieved Apr-1-2012 from the iPOLL Databank, The Roper Center for Public Opinion Research, University of Connecticut. http://www.ropercenter.uconn.edu.proxy.library.emory.edu/data_access/ipoll/ipoll.html.

[2]Harris Poll, Aug, 2000. Retrieved Apr-2-2012 from the iPOLL Databank, The Roper Center for Public Opinion Research, University of Connecticut. http://www.ropercenter.uconn.edu.proxy.library.emory.edu/data_access/ipoll/ipoll.html.

[3]Harris Poll, Aug, 2001. Retrieved Apr-2-2012 from the iPOLL Databank, The Roper Center for Public Opinion Research, University of Connecticut. http://www.ropercenter.uconn.edu.proxy.library.emory.edu/data_access/ipoll/ipoll.html.

2002年进行的一样的问卷调查结果也基本一致：74%表示相信、19%不相信、7%不确定或者拒绝回答。[1]虽然这方面的问卷调查的数量不如前面第一类关于全球变暖真实性那么多，但是从这些问卷调查的结果来看，公众的意见在六年间基本保持一致，大多数都是认同人为因素带来的温室气体排放是全球变暖的主要因素。

此外，对1997年日本京都召开的气候大会及制定的《京都议定书》，以及相关制度安排的认识和态度在一定程度上反映公众对国际气候规范的认识和态度。

在1997年12月的一份民意调查中，当问到"你是否赞同，在日本京都所召开的解决全球变暖和温室气体问题的大会上，制定一个暂时性协议来限制工业国家减少排放，使温室气体排放降至20世纪90年代以下的水平"时，问卷调查的结果压倒性地表明，74%的受访者表示赞同、21%表示不赞同、5%则表示不知道。[2]在问及京都会议上的相关争论时，有一份问卷调查对工业国家在2010年之前应该减排的比例进行了询问："有些国家认为应该限制温室气体排放至1990年的水平，另一些则认为应该降至1990年水平的15%以下，在京都的气候大会上做出的决议认为工业大国应该将他们的温室气体排放应该降至比1990年排放量低7%~8%的水平，你认为这个减排协议的要求太过严格、不是很严格还是适当？"结果表明，9%的受访者认为减排要求过于严格，8%则表示倾向于认可减排过于严格的选项，23%认为减排要求适当，18%倾向于认为减排要求适当，30%则认为减排

①Harris Poll, Sep, 2002. Retrieved Apr-2-2012 from the iPOLL Databank, The Roper Center for Public Opinion Research, University of Connecticut. http://www.ropercenter.uco-nn.edu.proxy.library.emory.edu/data_access/ipoll/ipoll.html.

②Harris Poll, Dec, 1997. Retrieved Apr-1-2012 from the iPOLL Databank, The Roper Center for Public Opinion Research, University of Connecticut. http://www.ropercenter.uco-nn.edu.proxy.library.emory.edu/data_access/ipoll/ipoll.html.

要求不够严格,12%表示不知道或拒绝回答。[①]其实,在这个问卷调查之前,于1997年12月即京都的气候大会还在进行之时,就对类似的问题进行过问卷调查,该问题是:"你认为在日本京都召开的关于如何解决全球变暖和所谓的温室气体排放的问题所做出的将排放量降至1990年水平之下的决议是太过严格、适当还是不够严格?"当时问卷调查的结果就显示:只有18%的受访者表示过于严格,41%的人认为适当,有31%的人认为不够严格,10%表示不知道。[②]这样看来,大多数公众是认为《京都议定书》中的减排要求比较恰当的,并不可能会因为该议定书中所规定的减排要求过于严苛而反对;此外,从比较大比例的公众认为减排要求还不够严格就可以看出,公众还是倾向于认同达成一个国际气候协议来限制温室气体减排的。

在2000年,有两份问卷调查对美国应该在国际气候规范上扮演什么样的角色进行了民意调查,引言内容如下:"你可能知道,有一份减少导致全球变暖的温室气体排放的国际协议已经达成。下面我列出两种论断,尽管可能两个都不对,但是请告诉我哪一个更接近你自身的看法?"第一份问卷调查指出这样两种论断:一是美国应该在减少由发电厂、汽车和越野车带来的污染上扮演领导角色来应对全球变暖问题;二是美国已经在减缓全球变暖趋势上做了够多了,并且几乎比任何其他国家制定了更严格的环境标准。32%的受访者认为应该更多地采取行动减少污染,36%认为应该稍微采取多一些行动,17%认为做得比较足够了,9%认为已经做得很足够了,

---

①Attitudes on Transatlantic Issues Survey, Feb, 1998. Retrieved Apr-2-2012 from the iPOLL Databank, The Roper Center for Public Opinion Research, University of Connecticut. http://www.ropercenter.uconn.edu.proxy.library.emory.edu/data_access/ipoll/ipoll.html.

②Harris Poll, Dec, 1997. Retrieved Apr-2-2012 from the iPOLL Databank, The Roper Center for Public Opinion Research, University of Connecticut. http://www.ropercenter.uconn.edu.proxy.library.emory.edu/data_access/ipoll/ipoll.html.

2%认为两者都对,4%表示不知道或者拒绝回答。①

第二份问卷调查则列出如下两种论断:一是美国应该在推动清洁技术和清洁能源资源以减缓全球变暖上扮演领导角色;二是美国已经在减缓全球变暖趋势上做了够多了,并且几乎比任何其他国家制定了更严格的环境标准。34%受访者认为应该更多地采取行动推动清洁技术和清洁能源资源,33%认为应该稍微采取多一些行动,13%认为做的比较足够了,8%认为已经做的很足够了,3%认为两者都对,1%两个都不对,8%表示不知道或者拒绝回答。②而在2002年6月的一份问卷调查问道:"基于您的认识,你认为美国是否应该加入减缓全球变暖的京都协议?"64%的受访者认为美国应该加入,21%反对加入,15%则表示不知道,少于5%的受访者拒绝回答。③因此可以看到,大多数公众不仅仅支持政府参与到国际气候协议中,还倾向于希望政府能够在全球问题上起到带头作用,更积极地参与到减缓全球变暖带来的后果的国际合作行动中。

通过对这段时期进行和收集的民意调查分析来看,公众对气候问题和国际气候规范的认识变化并不大,而且基本是持赞同态度的,可以说对国际规范的合理性认识比较一致,都是认同国际规范赖以立足的三大核心问题的。国内公众的意见能够在一定程度上表明国内的观念结构基本上是与国际气候规范相契合的,并不存在明显的反对国际气候规范传播的阻碍。这一点对于选取美国退出《京都议定书》的案例来证明本书的理论框架非常重要,因为国内规范(文化)结构与国际规范的基本契合是本书逻辑推理的起点。总的来说,本章对国际气候规范传播的国际和国内背景情况

---

①②Post-Election Survey, Nov, 2000. Retrieved Apr-2-2012 from the iPOLL Data-bank, The Roper Center for Public Opinion Research, University of Connecticut. http://www.ropercenter.uconn.edu.proxy.library.emory.edu/data_access/ipoll/ipoll.html.

③Worldviews 2002 Survey, Jun, 2002. Retrieved Apr-2-2012 from the iPOLL Data-bank, The Roper Center for Public Opinion Research, University of Connecticut. http://www.ropercenter.uconn.edu.proxy.library.emory.edu/data_access/ipoll/ipoll.html.

进行了比较详细的分析。在国际层面,气候问题已经上升为一个显性的政治问题,国际社会对气候规范的共识度也比较高,基本形成了一定的制度基础,众多的相关国际协议的达成就是气候规范制度化的标志,其中具有限制性减排要求的《京都议定书》更是气候规范在国际上合法性的一个里程碑。所以对于国际社会中的国家成员之一,美国接受气候规范的外部环境已经很成熟,因为不接受的国际声誉成本显然是很高的。那么气候规范的强力阻碍就很可能来自国内。

对美国的国内环境进行分析,能够影响美国气候政策制定的行为体众多,再加上气候问题所涉及的复杂性和广泛性,参与到这个政治决策进程中的相关利益体也很多,既有支持的,也有反对的。但是从国内民意调查的历年统计数据来看,公众基本上认可气候变化的真实性,认同人为因素所带来的温室气体排放导致全球变暖的解释,也认为美国应该参与到国际社会为了减少温室气体排放和减缓全球变暖趋势的努力中,反对的公众只占比较小的比例。因此,支持国际气候规范的国内行为体显然更占有获胜的优势。这样看来,不管是国际还是国内,气候规范能够成功传播的因素更占上风。而结果却恰恰相反,美国退出《京都议定书》的决策的确可能满足的是反对气候规范的国内行为体的利益,国内公众却并没有对此表示激烈反对,退出《京都议定书》的行为得到了默认。这不仅仅是2001年布什政府的一个决定,现在也仍然保持着美国游离在国际气候规范之外的现实状况。

第五章 规范挑战者的语言实践策略及其效果

　　根据洛普民意调查公司的调查结果,在1981年的调查中,当问及是否听说或看到过关于温室效应的事情时,只有38%的肯定回答;而到了1989年,就在詹姆士·汉森(James Hansen)①将气候变化问题抛入大众视野之后不久,民意调查的结果显示79%的被调查者表示他们知道温室效应。②可以说,公众对这个问题的关注度达到了前所未有的高度。然而在以《京都议定书》的谈判和签署为主题的京都会议开始前几个月,即1997年6月,美国参议院以95票对零票通过了"伯德·哈格尔决议",要求美国政府不得签署同意任何"不同等对待发展中国家和工业化国家的,有具体目标和时间限制的条约",因为这会"对美国经济造成严重的危害"。因此,虽然参加谈判的副总统戈尔象征性地在1998年签署了《京都议定书》,但是条约必须经过美国国会的批准才对美国有效,而参议院显然不可能通过该条约,于是克林顿政府并没有将议定书提交国会审议。2001年,布什政府正式宣布退出《京都议定书》。

　　可以看到,一方面,全球气候变化的科学证据、公众对气候变化问题的认识,以及国际社会对气候变化的共识都在增加或上升,从1997年12月在日本京都召开的联合国气候大会有160个国家代表便可以看到国际社会

---

　　①詹姆士·汉森:关注气候变化问题并且积极推动该问题进入政策制定者决策问题领域的美国科学家之一。

　　②Spencer Weart, *The Discovery of Global Warming*, Cambridge: Harvard University Press, 2003, p. 156

对气候问题严重性的共识,而美国国内大部分公众也认为气候变化是个真实的问题,并且需要付出努力去减缓气候变暖的趋势。但是另一方面,试图通过建立合作机制(合法性)的努力来解决这个问题的尝试却一再失败,为什么美国政策制定者要如此逆潮流而为? 为何反对国际气候规范的倡议能够得到通过? 本章将通过具体案例分析来验证本书的理论假设,探讨美国国内气候规范的挑战者如何通过语言实践中的策略选择,来实现在美国国内重新建构气候问题这一社会事实的实践过程。如果说国际气候规范的倡导者致力于框定气候问题的重要性,那么美国国内反对气候规范的行为体进行的则是对气候变化"去问题化"的努力。

由于本书所提出的两个策略分别与语言框定的内容和方式有关,所以有必要对美国国内反对气候规范的行为体的语言阐述进行分析,而权威联盟的成员组成和变化同样可以在这些语言的阐述者分类中得到显明。本书选取了这些行为体在电视中所阐述的语言进行分析,即电视语言。之所以选取电视语言作为研究材料,一方面是相关书面材料的分析研究已经有不少,另一方面是作者认为电视在传播效果和范围上的重要性可能比书面材料如报纸更大。相关数据的收集主要借助范德比尔特电视新闻档案。不过,由于该数据库收集的只是电视新闻报道材料,其他形式的电视语言数据和材料并不包括在其中,比如辩论、访谈、专题报道、广告宣传片等多样形式的电视语言材料都不包含在其中。

虽然该数据库中的新闻报道材料仅仅是电视语言中的部分样本,而电视语言又是行为体语言实践活动中的部分样本,但是笔者认为仍然能够很好地对行为体在语言实践活动中的策略选择进行分析:一方面,对行为体语言实践活动中的某一类语言实践形式分析,虽是小样本,但能够起到管中窥豹的效果,而不需要全面收集分析所有的语言实践活动;另一方面,新闻报道在一定程度上是最具有权威性的电视语言,通常认为,新闻报道是相对中立、自由和真实的体现,因此新闻报道在影响力上比其他形式的电视语言更胜一筹。进一步地从数据收集和处理的可操作性上来说,由于范德比尔特电视新闻档案在新闻报道材料收集上的全面性和权威性,取用新闻报道素材作为案例分析的材料会是比较合理的一个选择。此外,虽然选取新闻报道作为分析气候规范国内挑战者语言实践活动的核心材料,但是本书也会对其他语言实践材料进行概括分析,作为辅助材料对案例验证进行补充说明。

因此,下面的案例分析全面收集了从1997年至2001年美国电视新闻材料。选取这个时间段的原因是,气候变化问题在20世纪90年代开始成为一个越来越显性的话题,而美国政府和公众对这个问题的关注度也在上升。而1997年12月在日本京都召开了联合国气候变化框架公约参加国第三次会议,并且制定了《京都议定书》。气候大会召开前,对气候问题的关注开始高涨,也正是在这一年的6月25日,美国参议院以95票对零票通过了"伯德·哈格尔决议",要求美国政府不得签署同意任何"不同等对待发展中国家和工业化国家的,有具体目标和时间限制的条约",因为这会"对美国经济造成严重的危害"。这对于美国接受国际气候规范影响重大。而继2001年美国正式宣布退出《京都议定书》之后,布什于2002年2月14日在马里兰州银泉美国国家海洋与大气局提出了美国温室气体减排新方案,宣布美国将实施美国环境质量委员会提交的"新环境方案",以此作为对《京都议定书》所代表的国际气候规范的回应。所以通过对这六年的电视新闻材料进行整理,从中探析在这段关键的时期,美国反对国际气候规范的国内挑战者为了阻挠国际气候规范在美国国内的传播做出了怎样的努力。

在数据库资料收集过程中,笔者对1997年1月1日至2002年12月31日期间与气候问题的相关新闻报道做了最大程度的收集,新闻报道的电视台包括:美国广播公司(American Broadcasting Company,ABC)、哥伦比亚广播公司(Columbia Broadcasting System,CBS)、美国全国广播公司(National Broadcasting Company,NBC)、美国有线电视新闻网(Cable News Network,CNN)、美国公共广播公司(Public Broadcasting Service,PBS)、美国福克斯广播公司(FOX Broadcasting Company,FOX)、微软全国有线广播电视公司(Microsoft National Broadcast,MSNBC)、有线-卫星公共事务网络(Cable-Satellite Public Affairs Network,C-SPAN)和消费者新闻与商业频道(Consumer News and Business Channel,CNBC),基本覆盖了美国有影响力的新闻媒体网络(不过从材料整理结果来看,有关的新闻报道主要集中在ABC、CBS、NBC、CNN四大电视台)。在收集数据的过程中,笔者尽量做到不遗漏,但是很可能因为技术和能力问题会遗漏部分材料,不过相信大部分数据材料特别是重要的"语言实践活动"都已包含在下面整理和分析的材料之中。

搜索的关键词分为如下四类:气候变化(Climate Change)、全球变暖(Global Warming)、京都议定书(Kyoto Protocol)、气候大会(Climate Conference)。据此搜索得到的新闻报道材料数据如下:有"气候变化"关键词的新闻报道共26个,有"全球变暖"关键词的新闻报道共196个,有"京都议定书"关键词的新闻报道共9个,有"气候大会"关键词的新闻报道共3个。在这其中,有些新闻报道互相交叉、覆盖。而这其中,国际气候规范的挑战者参与的新闻报道数量则分别是:有"气候变化"关键词的新闻报道共3个,有"全球变暖"关键词的新闻报道共28个,有"京都议定书"关键词的新闻报道共2个,有"气候大会"关键词的新闻报道共0个。从比例来看,美国国内反对气候规范的行为体参与的并不占多数,甚至可以说比例很小。但是从结果来看,这些占比例很低的气候规范挑战者的语言实践活动却取得了很大的效果,从这个意义上来说,就更值得探究。

一、策略一:反对国际气候规范的权威联盟成员及其形成

前面分析过,气候变化问题所涉及的领域广泛,利益牵扯也十分复杂,这就使得在这其中的参与行为体身份、领域也极其广泛。本书通过对1997年1月1日至2002年12月31日间的电视新闻报道进行分析,分类整理出反对国际气候规范的美国国内行为体。

首先,根据范德比尔特电视新闻档案中的新闻报道,将对发表电视新闻言论表明对国际气候规范持怀疑、保留或者攻击态度的行为体进行分析。表5-1列出了笔者按照日期先后顺序归类整理的反对国际气候规范的行为体,记录了反对国际气候规范的行为体在电视新闻报道中所参与的语言实践活动,按照时间顺序进行了排列整理,也详细列出了新闻报道的电视台、行为体所属机构和发言代表的名字,并且根据在数据库中搜索的关键词不同在最后一栏的"类别序列"中进行注明,比如"全球变暖1"表明的是通过搜索"全球变暖"关键词得到的新闻报道内容,"1"则是表明第一条。虽然下表仅仅列出了新闻报道中的行为体,那是因为本部分主要分析的是规范挑战者所采取的第一个策略,即"权威联盟",主要考察这个权威联盟中的成员组成和形成过程,但是在下面对策略二(语言框定)和策略三(焦点转移)中会对新闻报道的内容进行详细分析。为了方便检索,在下文对这些挑战者所进行的语言实践内容和技巧进行分析时,通常用类别序列如"全球变暖1"等来指代下表5-1中所列的各个新闻报道。

表5-1　电视新闻报道中进行反对国际气候规范的语言实践活动的行为体①

日期	电视台	行为体	类别序列
1997.2.5	CNN	质疑全球变暖科学真实性的科学家	全球变暖1
1997.10.1	ABC	商业团体	全球变暖2
1997.10.3	CNN	国际气候协议的反对者	全球变暖3

---

①表中所列的新闻报道都是笔者通过检索与气候问题相关的四类关键词"气候变化""全球变暖""京都议定书"和"气候大会",并且拣选和整理出的反对国际气候规范的美国国内挑战者所参与和主导的新闻报道,这些新闻报道的基本信息如日期、电视台和内容摘要等会以附录2的形式附在本书之后,以方便今后其他研究者参考、研究和验证之用。为保证准确性,笔者并不对这些从数据库中整理出来的素材进行翻译,而是将原文(英文)附上。

续表

日期	电视台	行为体	类别序列
1997.10.6	CNN	国际气候规范反对者； 美国石油学会①(American Petroleum Institute,API)，威廉·奥基弗(William O'Keefe)	全球变暖4
1997.10.7	NBC	石油和汽车工业企业； 胡佛研究所②(Hoover Institution)，托马斯·摩尔(Thomas Moore)	全球变暖5
1997.12.1	NBC	麻省理工学院(Massachusetts Institute of Technology,MIT)教授，理查德·林德森(Richard Lindzen)	全球变暖6
1997.12.10	ABC	全球气候联盟③(Global Climate Coalition)，比尔·奥基弗(Bill O'Keefe)	全球变暖7
1997.12.11	CNN	全球气候联盟，弗雷德·帕默(Fred Palmer)	全球变暖8
1997.12.11	NBC	电力行业(Electric industry)发言人，罗伯特·贝克(Robert Beck)	全球变暖9

①美国石油学会：该会建于1919年，是美国第一个国家级商业协会，也是全世界范围内最早、最成功制定标准的商会之一，是一家每周提供美国石油消耗及库存水平数据的美国石油业机构，在美国国内及世界各国都享有很高的声望。它所制定的石油化工和采油机械技术标准被许多国家采用，如中东、南美和亚洲许多国家的石油公司在招标采购石油机械时，一般都要求佩有API标志的产品才能有资格参加投标。因此，拥有API标志的石油机械设备不仅被认为质量可靠，而且具有先进水平。

②胡佛研究所：全称为胡佛战争、革命与和平研究所(The Hoover Institution on War, Revolution, and Peace)，是美国著名的公共政策智囊机构，由美国第三十一任总统赫伯特·胡佛于1919年在斯坦福大学成立创建，为世界上最大的政治、经济和社会变化史料文献收藏地之一。如今，胡佛研究所每年的经费预算达到2500万美元，其中大部分是由保守团体和大公司捐助的，如埃克森·美孚、福特汽车、通用汽车和宝洁等都是其捐助大户，因此该机构对美国新保守主义和自由意志主义运动有重要影响。

③全球气候联盟：该联盟创建于1989年。作为一家矿物燃料行业组织，它代表着六百万家企业。联盟成员主要为化石燃料的使用者，例如石油、汽车和电力部门及其他能源密集部门。其宗旨在于协调商业界参与关于全球气候变化的国际政策争论，主张采取以技术为基础的气候政策，而不是对温室气体的排放进行削减，宣称要长期和强硬地反对《京都议定书》和联合国政府间气候变化专门委员会的气候报告。该组织已于2002年解散。

日期	电视台	行为体	类别序列
1997.12.13	CNN	参议员,恰克·黑格尔(Chuck Hagel); 坦帕电力(Tampa Electric),麦克·马霍尼(Mike Mahoney); 南方公司(Southern Company),鲍伯·伍德尔(Bob Woodall)	全球变暖10
1998.8.10	CNN	竞争企业协会①(Competitive Enterprise Institution, CEI),弗雷德·史密斯(Fred Smith)	气候变化1
1999.9.12	ABC	美国国家航空航天局(National Aeronautics and Space Administration,NASA)气候学家,辛西娅·罗森茨威格(Cynthia Rosenzweig)	气候变化2
2000.1.13	CBS	全球气候联盟,格伦·凯利(Glenn Kelly); 德克萨斯州州长,乔治·W.布什(George Walker Bush)	全球变暖11
2000.5.31	CBS	埃克森美孚国际公司(Exxon Mobil),副总裁弗兰克·斯普罗(Frank Sprow); 哈佛大学(Harvard University),迈克尔·麦克埃尔罗伊(Michael McElroy)	全球变暖12
2000.8.19	ABC	科学与环境政策项目②(Science and Environment Policy Project, SEPP)教授,弗雷德·辛格(Fred Singer)	全球变暖13
2001.3.14	CBS	美国总统,乔治·W.布什	全球变暖14
2001.3.24	ABC	美国环保局(Environmental Protection Agency, EPA)局长,克里斯蒂·托德·惠特曼(Christie Todd Whitman)	全球变暖15
2001.3.29	CBS	美国总统,乔治·W.布什	全球变暖16

①竞争企业协会:是成立于1984年的非营利性公共政策机构,致力于推动"有限政府、自由企业和个体自由"的实现。

②科学与环境政策项目:1990年由大气物理学家弗雷德·辛格(S. Fred Singer)私人捐助成立于美国佛吉尼亚州阿灵顿的研究和倡议组织。科学与环境政策项目反驳关于气候变化和臭氧层损耗的流行的科学研究观点。

续表

日期	电视台	行为体	类别序列
2001.6.10	NBC	美国国家安全顾问（National security adviser），康多莉扎·赖斯（Condoleezza Rice）	京都议定书1
2001.6.6	CBS	美国总统，乔治·W.布什	全球变暖17
2001.6.11	CNN	美国总统，乔治·W.布什	京都议定书2
2001.6.12	CNN	美国总统，乔治·W.布什	全球变暖18
2001.6.14	NBC	美国总统，乔治·W.布什	全球变暖19
2001.6.14	CBS	美国总统，乔治·W.布什	全球变暖20
2001.7.21	NBC	美国总统，乔治·W.布什	全球变暖21
2001.7.23	ABC	美国国家安全顾问，康多莉扎·赖斯；卡托研究所（Cato Institution），杰里·泰勒（Jerry Taylor）	全球变暖22
2002.2.13	CBS	美国总统，乔治·W.布什，白宫	全球变暖23
2002.2.13	CNN	美国总统，乔治·W.布什，白宫	全球变暖24
2002.2.14	ABC	美国总统，乔治·W.布什，白宫	全球变暖25
2002.2.14	CNN	美国总统，乔治·W.布什，白宫	全球变暖26
2002.6.3	NBC	布什政府	气候变化3
2002.6.3	ABC	布什政府	全球变暖27
2002.6.4	NBC	布什政府，白宫	全球变暖28

从表中整理的数据材料来看，美国国内反对国际气候规范的行为体可以大致分为以下四类：一是对全球变暖的科学依据持怀疑论的科学家和反对国际气候规范的学者；二是反对国际气候规范和全球变暖科学依据的智库、研究机构、非政府组织等；三是商业、工业领域的代表和相关学会、组织等；四是以布什政府为核心的政府领导人和机构。这与我们在前面对气候问题利益攸关方及影响气候变化决策的行为体中分析的结果基本是一致的，涵盖了从个人到组织，从商业企业到非政府组织到政府机构等各个层次的行为体。

从这些组织和学者个人所属机构的性质来看，可以很明显地发现如下特点：首先，对二氧化碳排放量高度依赖的工商企业积极投入到反对国际气候规范的队伍之中。美国石油学会、竞争企业协会、埃克森美孚国际公司,包括南方公司、坦帕电力在内的电力企业,以及全球气候联盟等,虽然有的是行业性的学会等研究机构,有的是企业本身,也有的是行业组织,但是都是高污染、高排放企业的代表,其代表的必然是这些企业的利益诉求。其次,参与到反对国际气候规范的语言实践活动中的研究机构、智库等基本上是秉持保守派思想的组织,比如胡佛研究所、卡托研究所、竞争企业协会等。虽然卡托研究所在正式上一直拒绝被称为保守主义智囊,但是仍然经常被视为美国保守主义政治运动的重镇之一,其自谕的任务是要"扩展公共政策辩论的角度",以扩展参与情报、公共政策及政府正当角色的讨论,来"恢复小政府、个人自由、市场经济,以及和平的美国传统",显然其受到自由意志主义理念的深刻影响。竞争企业协会的目标宗旨是要致力于推动"有限政府、自由企业和个体自由",同样属于自由主义意志一派。而成立于1919年的胡佛研究所更不用说了,其经费的大部分都是来自如埃克森·美孚国际公司、福特汽车、通用汽车和宝洁等保守团体和大公司,对美国新保守主义和自由意志主义运动有重要的影响。从这一点上来说,他们反对通过一种限制性地对市场行为进行干涉的国际气候协议显然是必然的,因为《京都议定书》的核心特色之一就是对温室气体的排放做出明确的减排计划。这一点与我们在前面分析的美国国内反对国际气候规范的行为体利益诉求也是一致的。而共和党在2001年的上台和其党派领袖乔治·W.布什成功竞选总统,更是代表着保守派在美国政治决策过程中把握了主导权。

　　从反对国际气候规范的国内行为体参与语言实践活动的时间顺序来看,又可以发现这些国际气候规范的挑战者逐渐形成联盟的过程。在这一时期的初期,高度依赖二氧化碳高排放的工商业企业,以及反对全球变暖科学依据的科学家、学者个人,表现得较为活跃。以1997年12月1日日本京都召开气候大会为分界期,在此之前(包括1997年12月1日),新闻报道中出现的反对国际气候规范和全球变暖事实的具体行为体有:美国石油学会的威廉·奥基弗,胡佛研究所的托马斯·摩尔,麻省理工学院教授理查德·林德森以及石油和汽车工业企业。参与的行为体明显不是很多,且分散,以反驳气候变暖事实的科学家和学者个人为主。这段时期最大的反对高潮来自于石油和汽车行业,他们在气候大会前几个月抛出1300万美元发起了广告宣传攻势,宣传道:"气候协议的签订将会绑架美国经济,导致油价上涨60%,并且可能导致150万美国人失业。"①除此之外,便是各个研究机构和大学的学者代表发表的反对言论,较少有其他形式的行为体参与其中。

在气候大会召开和制定《京都议定书》的谈判过程中,由于全世界都对气候问题达到了关注的高潮,反对气候规范的行为体的语言实践活动也在此时达到第一个高潮,全球气候联盟的积极表现最为突出。这段时间的新闻报道数量也有所增加,在短短一个月的时间中便有5篇国际气候规范的国内挑战者主导和参与的新闻报道。此后的1998年和1999年都只有一篇新闻报道有国际气候规范挑战者的明显参与。

第二个高潮出现在共和党赢得总统大选和乔治·W.布什上任总统后不久正式宣布美国退出《京都议定书》,国际社会对其不负责任的行为进行了批评,美国的西欧盟国也纷纷表示不满和谴责的时候,而美国总统上任之后的欧洲之行中,这一话题成了与核武器等传统军事问题重要性并列的焦点之一。于是,美国总统布什及其政府官员代表在这段时期针对批评而进行的辩解成为国际气候规范挑战者的语言实践代表。从表5-1中可以很明显地看出,在布什上台之后,他在新闻报道中的言论基本取代了其他行为体对外的发言,其中只间或有几位政府机构代表和研究机构成员出现在新闻报道中。

有不少分析认为,布什政府的阁僚与石油、天然气、铝业和汽车工业等

---

① NBC Evening News, "In Depth(Global Warming)", Vanderbilt Television News Archive, Tuesday, Oct. 7, 1997. 此类引文皆来自范德比尔特电视新闻档案中的电视新闻报道内容,由笔者记录整理和翻译,以下类似引文皆同。

"烟囱工业"①之间的紧密联系,是布什在上任伊始便违背并坚决退出《京都议定书》的主要原因。的确,布什政府的许多内阁成员包括他本人在内的政府官员,或者在可能受到减排不利影响的公司工作过,或者在竞选过程中得到了这些企业的竞选捐款。包括总统布什、副总统切尼、国家安全顾问赖斯、商业部长唐纳德·埃文斯等在内的高级官员都有在相关企业担任领导职务的经历。②前面也提到,保守派(共和党自然是代表)倾向于反对强制性限制温室气体排放的气候协议的达成,共和党的上台则代表着反对国际气候规范的权威联盟在形式上得以达成。

如果把国际规范在一国内得以合法化的进程简单划分为上、下两部分,即"上"是得到政治决策层的接受,"下"则是得到国内公众的认同,那么由于美国政治体制的特色,代表反对国际气候规范行为体利益的党派和领导人(特别是总统)在政治决策进程中掌握了权力,在很大程度上表明在"上"这一层面,国际气候规范的挑战者获得了胜利。实际上,根据表5-1中显示,在前期的语言实践活动中,科学家及学者个人、工商业行业代表及组织、研究机构及智库、非政府组织等各个领域的行为体基本是各自为政。但是在参与反对国际气候规范的过程中逐渐形成共识,共和党掌握政府则是这个"反对同盟"形成的标志。此后的语言实践活动主角,就变成了以总统及其内阁官员为代表的政府,其他行为体则基本上都隐入后台,很少在电视新闻报道中出现,即使出现也通常只是辅助性地进行"帮腔",在其他领域进行配合,而之前积极活跃的全球气候联盟甚至在2002年解散或者说"中止活动"。

但是不管这些行为体属于哪个领域,都代表着一定的权威,这也是笔

---

①"烟囱工业"也称为能源密集型工业,指在单位产品成本中能源消费占的比重较高的行业,如钢铁、冶金、电力、化工、建筑、有色金属、石油、天然气、制铝和汽车制造等。

②谢婷婷:《行为体策略与规范传播——以美国退出〈京都议定书〉为例》,《当代亚太》2011年第6期。

者称之为"权威联盟"的原因。比如成立于1919年的美国石油学会,是美国第一家国家级的商业协会,也是全世界范围内最早、最成功的制定标准的商会之一,它所制定的石油化工和采油机械技术标准被许多国家采用,在美国国内乃至在世界其他国家都享有很高的声望。作为"权威联盟"中的一员,它在该领域的声望和积累的资源都成为该联盟权威的来源,虽然它在气候变化领域并不是权威,但是气候变化科学研究领域的权威同样有其他如科学家和大学教授来填补。而且不管从哪个领域来说,政府的威望是很重要的权威资源,而国际气候规范的挑战者能够在这一层面获得相对优势就为他们的语言实践活动增添了不少获胜把握。

二、策略二:对气候规范的语言框定和意义重构

参与反对国际气候规范的各类行为体在不同领域拥有一定的权威,他们所形成的权威联盟也就具备了进行语言实践竞争活动的资本。但是总的来说,这些行为体并不是气候变化问题领域最高权威的代表,在这一方面,带有中立性质和道义权威的国际组织与非政府组织更有优势。虽然他们所能够调动的资源及掌握了政策主导权这一事实的确给其语言实践活动增添了砝码,但是国际气候规范的倡导者和支持者同样掌握诸多资源,在气候问题上甚至更具有说服力。最重要的是,正因为在总体上他们无法在气候变化问题领域获得绝对的权威,所以语言实践活动的策略二就很重要,即对气候规范的语言框定和意义重构:通过重新解释气候问题,将国际气候规范原本所立足的气候问题领域进行转换,转换为他们能够具有相对更高权威的问题领域,即经济发展问题,就使得他们所具有的资源和权威得以发挥最大的作用。所以从这个意义上来说,权威联盟要发挥其作为语言言说者的效力,首先需要将话题设定在他们的权威所在的问题领域,这样才能充分调动资源和利用其在该领域的权威。因此,接下来就根据从范德比尔特电视新闻档案中整理的资料,对具有关键意义的策略二"语言框定"进行分析。

　　本书一直强调，国际气候规范的国内反对者通过把气候规范框定为"不利于美国经济发展和国家竞争力"的问题，分离了气候规范的合理性和合法性，使得美国公众即便认为应该努力减少人为温室气体排放，也认为遵守《京都议定书》是有益的，但是当反对者通过政府权威发表退出《京都议定书》的决议时，虽然有不少批评声音，却没有太多实质行动上的反对，基本上是当作"明知是对的，却不能或无能为力去做"的事情接受了。那么反映在范德比尔特电视新闻档案中的电视新闻中的语言是否如此？

　　在全球变暖4（1997年10月6日）中，国际气候规范的反对者认为，限制二氧化碳排放量将会给经济带来损害，而缺少由发展中国家共同承担减排任务的国际气候协议从长期来看将会带来负收益；而工业企业领导人则说在签署一个限制性的协议之前，发展太阳能等替代性的绿色能源将会是更值得考虑的选择。①在全球变暖5（1997年10月7日）所报道的石油和汽车行业用1300万美元打造的广告宣传攻势中，核心说辞便是："气候协议的签订将会绑架美国经济，导致油价上涨60%，并且可能导致150万美国人失业。"②随着1997年12月1日气候大会在日本京都召开，气候问题成为全球关注的焦点，国际气候规范的支持和反对方都在这段时间积极活动。其中，全球变暖7（1997年12月10日）中，全球气候联盟的比尔·奥基弗批评美国政府谈判代表在日本京都召开的气候谈判上做出的妥协是在牺牲美国的经济发展；③全球变暖9（1997年12月11日）中，电力行业的发言人罗伯特·贝克明确表示该气候协议的签订必然会导致天然气、电力及相关商品价格上升。④

　　①CNN Evening News, "Air Pollution/ Carbon Emissions", Vanderbilt Television News Archive, Monday, Oct. 6, 1997.

　　②NBC Evening News, "In Depth（Global Warming）", Vanderbilt Television News Archive, Tuesday, Oct. 7, 1997.

　　③ABC Evening News, "Japan/ Global Climate Treaty/ Hagel Interview", Vanderbilt Television News Archive, Wednesday, Dec. 10, 1997.

　　④NBC Evening News, "In Depth（Global Warming）", Vanderbilt Television News Archive, Thursday, Dec. 11, 1997.

在全球变暖10(1997年12月13日)中,参议员恰克·黑格尔表达对《京都议定书》的反对,认为该协议会给美国经济带来巨大损害,导致成千上万的美国人民失业,并导致能源价格上涨15%以上,而这个协议对于环境保护毫无益处,因为发展中国家比如中国、巴西、墨西哥、印度等国没有承担减排义务;美国最大的温室气体排放企业南方公司和坦帕电力则都表示会就此提高能源价格;而被采访的消费者则因生产成本提高将体现在商品价格上,认为这种压力会转嫁到消费者身上,对此表示不安。①在美国总统布什正式宣布退出《京都议定书》后,其多次谈及国际气候规范问题时都以经济问题作为辩解的理由。在全球变暖16(2001年3月29日)中,布什明确表示"美国经济最重要"。②在全球变暖17(2001年6月6日)中,在回应美国国家科学院发布的关于全球变暖的报告及西欧盟国对布什政府退出《京都议定书》决议的谴责之时,布什总统表示限制二氧化碳的排放量在经济上毫无意义。③

此后,在布什上任后第一次出访国外尤其是积极支持国际气候规范的欧洲各国时,面临来自这些盟国的诸多质疑,布什做出的回应也集中在《京都议定书》对美国经济的损害。比如在全球变暖18(2001年6月12日)中他就表示:"京都议定书不符合现实,并且会对美国经济带来负面影响。"④在上述列表的资料中,从全球变暖18至全球变暖20的三个新闻报道都是在美国总统布什上任后及宣布美国退出《京都议定书》之后的欧洲之行期间进行的,分别报道了布什总统在西班牙和瑞典对欧洲各国对其所做出的

---

①CNN Evening News, "Global Warming/ Costs", Vanderbilt Television News Archive, Saturday, Dec. 13, 1997.

②CBS Evening News, "Bush/ Environmental Policy/ World View", Vanderbilt Television News Archive, Thursday, Mar. 29, 2001.

③CBS Evening News, "Environment/ Global Warming Report", Vanderbilt Television News Archive, Wednesday, Jun. 6, 2001.

④ CNN Evening News, "Bush/ Europe Trip/ Death Penalty", Vanderbilt Television News Archive, Tuesday, Jun. 12, 2001.

退出《京都议定书》的决定的批评进行的辩解,解释的主要核心一方面认为京都议定书不符合现实情况,另一方面认为该议定书会对美国经济造成巨大损失。从新闻报道的数量来看,从1997年底由于气候大会在日本京都召开带来的对气候问题的关注和争论高潮,到1998年初开始回落,国际气候规范的挑战者似乎没有更多出现在电视新闻中,1998年和1999年期间所有与气候问题相关的新闻报道几乎都是围绕"气候变暖的各种证据如冰川融化、海平面上升和海水温度提高、疾病蔓延等""气候变暖的预测""极端恶劣气候与全球变暖的关系"等展开的,都呼吁公众要开始适应气候变暖带来的变化,接受减排作为减缓全球变暖趋势所带来的诸如能源价格上涨等对消费者生活方式的改变,等等。从上面的数据可以看到,这段时期仅仅有两三则新闻报道是与这些观点相反的,如气候变化1(1998年8月10日)和气候变化2(1999年9月12日)。

从上面列举的资料可以看到,美国的经济发展与国家竞争力问题可以说是美国退出《京都议定书》的第一条和最重要的理由,美国政府的官方陈述通常把《京都议定书》对美国经济发展的损害作为其退出的首要说辞。这一点充分体现在布什政府在2001年宣布退出《京都议定书》后访问欧洲对其决策向欧洲盟友辩解的理由,甚至此后经济理由也一直扮演着美国拒绝重新加入京都进程的核心辩词的角色。即便美国公众普遍认可应该为减少人为排放二氧化碳做出努力,国内的环保组织也致力于推广这一理念,然而一旦涉及国家经济发展、自身生活水平和国家竞争力问题,国内公众便会转向支持国际气候规范挑战者的倡议,至少不会强烈反对他们的倡议。在这种情况下,即使大多数公众支持和认可国际气候规范,认为减排是合理的,也不会对政府相反的决策进行激烈的反抗;即便存在反对的声音,也远不足以改变政府的政策。克林顿政府把气候问题与国家安全挂钩,布什政府则对气候议题进行重新框定,将其视为危害国家竞争力的问题,从根本上削弱了公众对退出决定的反对力度。

不过,经济发展问题并不是国际气候规范反对者唯一的辩词,其中还有一个就是事关气候变化真实性问题的科学话题,即或者质疑气候变暖是否真实,或者认为人为因素并不是造成气候变暖的主因,以及就人为减少温室气体排放是否有意义等围绕气候变化的问题展开科学探讨。在气候变化1(1998年8月10日)中,针对时任美国副总统戈尔的发言"气候变化不仅仅是真实的,并且已经发生了",反对国际气候规范的行为体则表示"确认气候变化的真实性还为时过早"。①在全球变暖1(1997年2月5日)中,虽然环境组织的研究表明气候变暖导致南极洲冰川破裂融化,但是对气候变暖持怀疑态度的科学家却针锋相对地说这一现象仅仅是地球自然冷暖循环的结果。②在全球变暖5(1997年10月7日)中,保守派智库成员托马斯·摩尔甚至认为,全球变暖对于美国来说是好事,比如气候变暖有益于人类健康、有助于多样化植物的生长,风雪气候的减少有益于交通运输,等等。③在全球变暖6(1997年12月1日)中,在其他科学家眼里最受尊重的气候变化反对论者、麻省理工大学教授理查德·林德森认为,没有证据证明人类行为导致了全球气候变化。④

但是本书之所以将经济发展视作国内反对气候规范的权威联盟的语言框定策略的内容,如前面理论分析的那样,不仅仅是局限于气候问题领域进行语言竞争,而是对气候规范的问题领域进行转换,转换为经济问题领域才是真正意义上的语言框定策略。而且从新闻报道内容的数量上来说,强调国际气候协议对美国经济的不利影响的新闻报道在笔者搜索的这段时期内最为众多。从时间顺序上也很明显,在权威联盟形式上的达成,

---

① CNN Evening News, "Weather/ July Heat", Vanderbilt Television News Archive, Monday, Aug. 10, 1998.

② CNN Evening News, "Global Warming", Vanderbilt Television News Archive, Wednesday, Feb. 5, 1997.

③NBC Evening News, "In Depth (Global Warming)", Vanderbilt Television News Archive, Tuesday, Oct. 7, 1997.

④NBC Evening News, "In Depth (Global Warming)", Vanderbilt Television News Archive, Monday, Dec. 1, 1997.

即共和党的布什上台担任总统一职之前,国内气候规范挑战者对气候规范的反驳理由比较分散,或者强调气候变化的科学真实性,或者强调对美国经济的负面影响;而到了布什上台之后,大部分的言论都集中在了"美国经济发展和国家竞争力"上面。这与我们所强调的在语言实践过程中的策略形成也是一致的。在与国际气候规范支持者的语言实践的竞争中,这些反对国际气候规范的行为体不仅逐渐形成了以布什政府为代表的权威联盟,在"谁来说"这个问题上就言说的主体达成了一致,也在"说什么"的问题上达成了一致,即将气候规范框定为"不利于美国经济发展和国家竞争力"的问题。在语言实践过程中,策略一与策略二都逐渐形成和固定下来了,形成了相互呼应的形势。正如前面提到的,国际气候规范的国内反对者所形成的权威联盟并不是在气候问题领域最具有权威和资源的行为体联盟,而在对气候规范进行语言框定后,问题领域转换为经济问题之后,不管是工商业企业等行业组织及其相关的研究机构、智库、学者还是政府当局,都在这个问题领域相较于之前占有了相对优势。在这个问题领域更具有说话的权威,有利于语言实践活动的展开。而语言框定将气候规范的合理性与合法性进行了分离,突出了气候规范相对合理的一面,更有利于反对气候规范的行为和观点得到公众的认同。

三、策略三:语言实践技巧和焦点转移

焦点转移与语言框定之间区别在于,语言框定创造性地将问题的原有话题领域进行改变,转变了问题领域;而焦点转移仍然还是在原有的问题领域,只是将争论焦点放在了不同的重心,因此更多的是语言实践竞争活动中的技巧运用,目的是转移己方在竞争中所承受的压力。从收集的范德比尔特电视新闻档案中的新闻报道内容来看,反对国际气候规范的国内行为体所采取的焦点转移策略,主要反映在提出了替代《京都议定书》的温室气体减排新方案。总的来说,焦点转移的侧重点在于强调国际气候规范的挑战者反对的并不是气候规范本身,而是实施该规范的具体协议所制定的

实施方案存在缺陷,也就是对规范实施细节的反对,而不是对国际规范合理性本身的反对,从而避开了在道德上的谴责。围绕这个替代《京都议定书》的减排新方案,反对国际气候规范的行为体展开的语言实践活动并不完全否定国际气候规范甚至承认其合理性,而是集中攻击《京都议定书》的实施细节。

在表5-1中,从全球变暖23至全球变暖26的四篇新闻报道,都是围绕布什政府公开发布的美国温室气体减排新方案所进行的。2002年2月14日,布什在马里兰州银泉美国国家海洋与大气局宣布,美国将实施美国环境质量委员会提交的"新环境方案",又称为美国温室气体"自愿减排"计划,包括有关大幅度削减三种大气污染物排放的"清洁天空"法案(Clear Skies Initiative)和全球温室气体减排替代方案。同时,宣布对那些自愿减排的商业企业予以税收激励,以取代和回应《京都议定书》所要求的强制性减排方案。此外,政府也会采取一系列综合措施,包括开展有关气候变化科学技术的研究与开发、促进可再生能源的利用、敦促产业部门采取行动、降低交通部门的碳排放、鼓励生物固碳和工程储存碳、支持发展中国家的气候观测与减排等。①布什政府在继续坚持《京都议定书》可能对美国经济和就业状况(大概5百万美国人们会失业)带来巨大损害的论断基础上,提出这个自愿减排计划的优势:一方面,这个替代《京都议定书》的减排计划的目标是将每百万美元国内生产总值的温室气体排放量在2002—2012年里削减18%,从2002年的每百万美元国内生产总值排放183吨碳下降到2012年的151吨,在最后一年即2012年削减1亿吨。从总量上来看,2002—2012年间削减5亿吨碳,这与《京都议定书》对其他发达国家的削减数量要求是吻合的;②另一方面,这个替代方案采用的是美国典型的经验,即"限额-贸易"(cap and trade)政策手段,让企业自愿地选择减排的时间和

---

①②全球变化与经济发展项目课题组:《美国温室气体减排新方案及其影响》,《世界经济与政治》2002年第8期。

数量,在实现"清洁天空"目标的成本上要比预期低80%。此外,布什政府的新环境政策方案基于排放量与国内生产总值的比值进行设计,允许在经济增长的同时,碳排放量有一定程度的增长,从而使温室气体的减排对经济的损害最小。

而在2002年6月3日的布什政府报告承认人为因素是造成全球变暖的重要因素之后,媒体纷纷发表报道表示布什政府在全球变暖问题上改变态度。而在2002年6月4日美国全国广播公司的晚间新闻报道中(全球变暖28),白宫的回答则再次表明布什政府对《京都议定书》的否定态度。很明显,即便国际气候规范的国内挑战者在一定程度上承认气候变化及其人为因素的真实性,也只是打算通过焦点转移,把关注点转移到规范实施方案的技术细节上。从而在还无法完全否定气候变化真实性的情况下避开正面交锋,撇清在道德义务上的责任。此种策略的使用在之前的语言实践活动中也不时有所体现。比如,在1997年日本京都的气候大会期间,美参议员恰克·黑格尔就针对《京都议定书》所制定的减排方案中的一条进行反驳(全球变暖10),即根据"共同但有区别"原则确定不对发展中国家施加限制性的减排义务。恰克认为缺乏如中国、巴西、墨西哥、印度等发展中国家共同承担减排义务,这个协议不可能在环境保护上有所成效。[1]在布什出访西欧之时,面对西欧盟国的质疑,除了强调《京都议定书》对美国经济的不利影响之外,还不时地指责"京都议定书不符合现实"(全球变暖18)。[2]全球变暖18至全球变暖20的三个新闻报道,都是在美国总统布什上任后及宣布美国退出《京都议定书》之后的欧洲之行期间出现的,解释的主要核心之一就是指出京都议定书不符合现实情况、在制度设计和安排上存在缺陷。实际上,在布什政府于2002年提出这个新方案之前,就一直存

---

① CNN Evening News, "Global Warming/ Costs", Vanderbilt Television News Archive, Saturday, Dec. 13, 1997.

② CNN Evening News, "Bush/ Europe Trip/ Death Penalty", Vanderbilt Television News Archive, Tuesday, Jun. 12, 2001.

在着挑战者对《京都议定书》具体制度安排上的批评，可以说是焦点转移策略中的第一步，即模糊焦点。而在正式提出这个替代选择方案后，一方面既体现了之前对《京都议定书》的不满是有依据的——因为提出了一个可供选择的更"理想"的方案；另一方面也是同样地采取了分离规范的合理性和合法性的方法，避开了道义上可能的谴责，只对气候规范的合法性做出挑战。

在布什政府宣布了温室气体减排新方案之后，国际社会成员多数对这个新方案表示不满和批评，认为是布什政府对退出《京都议定书》的不负责任行为的掩饰，也批评这个新方案在实施上是不可能的，甚至国内也存在不少反对的声音。但是这个新方案的提出一方面兑现了布什的承诺，因为在此前2001年3月宣布美国退出《京都议定书》时，布什曾许诺要提出《京都议定书》的替代方案，这在当时来说既是减缓其拒绝国际气候规范所可能受到的谴责的方法之一；同时也对这种焦点转移的策略做了预告，在2002年提出的这个新方案显然实践了这个承诺，也进一步避开了外界对布什政府在环境问题上的道德指责。

另一方面，这一方案又满足了反对国际气候规范的主体之一工业企业的需求，因为在实施细节上采取的是自愿减排，而政府也会对减排进行一定的政策支持，比如在2003财政年度美国将斥资45亿美元（比上一财政年度增加了7亿美元）来支持气候变化政策的实施。而最重要的一点是，这个新方案的提出缓解了国际社会及国内气候规范支持者在道德上可对其进行的攻击，转移了在气候问题领域的争论焦点。国际气候规范便被分解为两个层面的问题了：在问题领域的转换上，由于国际气候规范的挑战者将语言框定为"不利于美国经济发展和国家竞争力"的问题，使得国际气候规范在很大程度上被框定在了经济领域；而当争论仍在气候问题领域之内进行时，争论的焦点则被气候规范的挑战者技巧性地转移到了实施方案的技术和制度安排上。在这两个层面上显然都出现了向有利于国际气候规范反对者的一边发展的趋势。

在这里还要进行一些说明的是,本书之所以没有特别分析和强调对气候问题真实性等的批驳,并不是认为这一点不是国际气候规范的挑战者所进行的语言实践活动的一部分,而是认为这不在本书所认定的策略范围中。虽然有学者认为反对国际气候规范的国内行为体的"策略是要么声称气候变化问题太过于不确定,要么声称气候变化问题可以因为社会的科技发展而得到解决"[①],但是本书提出的三类策略中并不包含这一点。

首先,对气候变化科学真实性的反驳是对气候规范倡导者的倡议进行的直接驳斥,几乎所有语言竞争活动中这种直接的批驳都会出现,基本可以算作一种"本能"的反驳。相当于一方提出"是",另一方反驳为"不是",如果计入"策略"范畴未免过于牵强,几乎所有行为都可以算作是行为体进行的"策略选择",那么本书的研究意义也就不存在了。

其次,对气候问题真实性的争论似乎更多的是立足于科学研究上,而至今还未有确切的科学依据来完全证明一方的真实性和驳倒另一方。当然,也正因为现实情况是这样的,所以才有国际规范的支持和反对两方继续较量的余地,否则也就不存在竞争的空间了,因为一方的科学证据已经完全胜利地征服了另一方。因此,在其中一方获得完全的科学依据之前,这样的争论是很难分出胜负的,国际规范的反对者若想在这个论题上使自己的观念取得合法性是不可能的。这样,也就意味着反对国际气候规范的行为体必然会寻找其他的方式进行突破,才可能进入"策略选择"领域的考量。

可以认为,以科学依据为基础的气候变化真实性的问题是这场较量开展的基础,但是很难把相应的语言实践活动算作"策略"的范畴。此外,正如在理论部分所探讨的,行为体策略选择的核心是,如何将国际气候规范的合理性和合法性进行分离,在不否认规范合理性的基础上使国际规范衰

[①] Mark J. Lacy, *Security and Climate Change: international relations and the limits of Realism*, New York: Routledge, 2005, pp. 130–131.

失国内合法性,此后再随着合法性的丧失而渐渐腐蚀其合理性。所以关于气候变化真实性此类属于合理性的问题,并不是气候规范挑战者攻击的核心,虽然最终目的是如此。一方面,对规范的合理性进行挑战并不是一件容易的事情,特别是气候变化此类需要科学证据的问题,在没有找到压倒性证据之前,显然是不可能在这一层面上成功的;另一方面,国际规范通常在合理性上占据道德权威的高地,要反驳其合理性不仅很困难,也容易使自身陷入"不道德"的境地,在名誉上受损极其容易使得自身坚持的理念遭到公众的反对,更不用提赢得语言竞争的胜利。因此,本书并不把对气候变化真实性的质疑算入行为体策略,但是会在下文的结果中对这个问题进行分析,因为行为体所有策略要达成的最终目标是对规范合理性的否定。

　　除了上述在范德比尔特电视新闻档案中的新闻资料数据显示的国际规范的国内挑战者如何进行语言实践活动之外,这些反对气候规范的行为体自然也在各个媒体领域开展了不少活动。就拿电视媒体上的语言实践活动来说,反对国际气候规范的"权威联盟"参与了不少除了新闻报道之外的电视语言活动,如在前面提到的全球变暖5(1997年10月7日)所报道的石油和汽车行业用1300万美元打造的广告宣传攻势,电视广告就是其中一类活动。此外,保守派智库的成员也不时出现在各类电视节目中,比如在美国公共广播公司中播放的"前沿论争"(Firing Line Debate)节目、基督教广播网(Christian Broadcasting Network)的"700俱乐部"节目等。除了电视语言活动外,还有类似广播广告等活动,比如前文提到的竞争企业协会就曾在1997年12月1日京都气候大会召开之时,在广播上播送了一则一分钟的广播广告。在广告中,竞争企业协会试图激起民众对20世纪70年代能源危机的回忆来减少公众对可能达成的京都协议的支持。[1]但是总的来说,这些其他形式的的语言实践活动与前面分析的电视新闻语言活动基

---

①Aaron M. McCright, and Riley E. Dunlap, "Defeating Kyoto: The Conservative Movement's Impact on U.S. Climate Change Policy", *Social Problems*, Vol.47, 2000, p. 357.

本是一致的,都是围绕反对国际气候规范的国内行为体所形成的权威联盟的成员(谁来说)、通过语言框定把气候规范的问题领域转换为经济领域(说什么),以及通过焦点转移把气候问题领域的争论焦点确定在具体实施方案上(怎么说),这三类策略来展开的,实现了对国际气候规范的合理性与合法性的分离,阻碍了规范传播的进程。

四、美国退出《京都议定书》的选择与国内公众的反应

前面通过档案分析,对美国国内反对气候规范的行为体及其语言实践活动和策略选择进行了探讨,提到的关于气候问题的新闻报道共有234个("气候变化"关键词的新闻报道26个,"全球变暖"关键词的新闻报道196个,《京都议定书》关键词的新闻报道9个,"气候大会"关键词的新闻报道3个),而其中反对气候规范的行为体参与的新闻报道却只占其中的33个("气候变化"关键词的新闻报道3个,"全球变暖"关键词的新闻报道28个,《京都议定书》关键词的新闻报道2个,"气候大会"关键词的新闻报道0个),从比例上看只占了大约14.1%。显然气候规范支持者的语言实践活动更为活跃,但是结果却是气候规范在美国国内的传播受阻。另外,同样是来自范德比尔特电视新闻档案中的一则新闻报道,在1997年10月3日美国有线电视新闻网的一个新闻报道中,报道了气候规范的支持者谴责美国有线电视新闻网播放气候规范反对方的广告,该广告宣称"全球气候协议的达成会导致税率水平的进一步上升",为此美国有线电视新闻网在电视新闻中做出了正式声明,表明不会偏向于任何一方,也不会再发布类似的广告,因为气候问题是一个至今存在很多争议的问题。从气候规范的支持者如此积极的进攻方式来看,这个过程中,不管是从道义或势力范围还是活动频率来看,都应该是气候规范的支持者更占上风。

更有资料显明,从2000年开始,有92%的美国人对全球变暖问题有所认识,有74%的美国人认为地球确实在变暖,有61%的美国人相信科学研究结果已经在地球变暖问题上形成了统一认识,有76%的美国人认为需要

将地球变暖作为一个问题,甚至一个比较严重的问题来对待。[①]从这样的民意来看,2001年美国政府宣布退出《京都议定书》的决策必然遭到国内公众的激烈反对,再加上这种退出国际气候协议的不负责任行为同时还遭到国际社会甚至包括西欧盟国的强烈谴责,按照合理逻辑推理应该是"美国政府在国内外的压力下重返《京都议定书》"这样的结局,但是事实却是美国至今也没有表现出有重返的意向,甚至在2011年12月,加拿大跟随美国成为第二个正式退出《京都议定书》的发达工业国家,趋势完全朝着与意想中相反的方向发展。

但是正如前面第一部分对美国国内气候规范的挑战者的语言实践活动及其策略进行详尽分析的那样,这些表面上看起来应该是有利于国际气候规范传播的情势,在反对气候规范的国内行为体的策略性语言实践活动过程中被消耗了,美国退出《京都议定书》的行为以"虽受多方谴责但是无激烈反抗"的状态持续至今也就并不令人意外了。接下来,笔者将通过洛普民意调查中心档案库所收集的一系列民意调查结果对美国国内的民意情况进行分析,特别是要对国内挑战者进行策略选择前后的民意变化进行分析。[②]笔者对民意调查结果的搜索时间范围与前面对行为体策略分析的时间范围一致,集中于1997年1月1日至2002年12月31日期间,这段时间与"全球变暖"相关的问卷调查共有287个。[③]根据上面的案例分析,国际气候规范所引起的气候问题关注在这段时期内主要可以分为三个关键期:一是1997年底在日本京都召开气候大会期间,二是在美国总统布什上台

---

①Anthony Leiserowitz, "Climate Change Risk Perception and Policy Preferences: The Role of Affect, Imagery, and Values". 转引自董勤:《安全利益对美国气候变化外交政策的影响分析——以对美国拒绝〈京都议定书〉的原因分析为视角》,《国外理论动态》2009年第10期。

②此部分的问卷调查结果皆来自埃默里大学图书馆数据库中的洛普民意研究中心所收集的民意调查结果。

③下文所引用的问卷数据都来自洛普民意调查中心的数据库,具体问卷问题及结果参见附录3。

后不久(2001年3月)宣布退出《京都议定书》至出访欧洲(2001年6月)的时间段,三是布什政府公布温室气体排放新方案这个时期(2002年2月)。

在这三个时间段,对气候问题的关注度普遍较高,但是关注点不同。从搜索的问卷结果来看,在1997年底气候大会召开期间,问卷调查的问题主要围绕气候大会本身展开,比如公众对气候大会的关注度、就减排方案所制定的实施细节对公众展开的问卷调查、对全球变暖的认识度等。从1997年1月至12月气候大会召开之前,这段时期的问卷调查共有166个,几乎全部集中于气候规范所原本立足的气候问题领域的问题,即类似"全球变暖真实性""人为排放温室气体是否为全球变暖的主因""减少温室气体排放等人为努力能否减缓全球变暖的趋势"等传统问题,只有极少数问及对即将谈判制定的国际气候协议的认识和信心等。而在1997年12月至1998年3月(《京都议定书》开放签订)这段时间,问卷调查的题目类型则集中在了"京都议定书的减排方案是否合理""美国是否应该加入这个议定书"等方面。不过,从问卷调查结果来看,这段时期公众的立场基本是赞同气候规范支持者一方的,不管在对全球变暖的科学依据真实性上,还是在加入《京都议定书》问题上,持肯定态度的公众总是占大多数。例如,在气候大会召开前不久,即1997年11月公布的一份民意调查结果显示,对于"你是认为应该立刻采取行动应对全球变暖带来的后果,还是认为还不到采取行动的时候"问题,81%的受访者认为应该立刻采取行动,只有13%认为还不到采取行动的时候,而只有1%认为根本不必要采取行动,6%表示不清楚。①前面提到了新闻报道全球变暖5(1997年10月7日)中所报道的石油和汽车行业用1300万美元打造的广告宣传攻势。针对这类电视广告的效果,有一份问卷调查结果很有意思,在气候大会即将召开前的1997年11月,一份问卷调查问道:"你是否看过反对达成一个关于全球变暖的新

---

① CBS News/New York Times Poll, Nov, 1997. Retrieved Mar-30-2012 from the iPOLL Databank, The Roper Center for Public Opinion Research, University of Connecticut. http://www.ropercenter.uconn.edu.proxy.library.emory.edu/data_access/ipoll/ipoll.html.

国际协议的电视广告？如果回答是,请回答你的观点是否因为该广告发生改变？如果改变了,你是更倾向于支持还是反对该协议？"结果表明,只有8%的人看了这个广告,而其中2%的人受到该广告的影响而反对全球变暖的新国际协议的达成,5%表示没有作用;而91%的人则表示没看过这样的广告。[①]这样看来,这段时期国际气候规范的反对者所进行的、分散的语言实践活动效果并不明显,仅仅在气候问题的科学领域进行争论,国际气候规范的挑战者并不占上风。

实际上,正如我们所分析的,即便在美国正式退出《京都议定书》之后,国际气候规范的合理性也没有遭到完全颠覆。在布什政府宣布美国退出《京都议定书》的决定之后,洛普中心于2001年6月公布了一份民意调查报告,问题是"总统乔治·W.布什宣布美国不会加入关于全球变暖的京都议定书,你认为美国应该加入这个议定书,还是不应该,或者根据你所拥有的知识不足以对此做出判断？"结果显示,31%的受访者表示美国应该加入该议定书,19%的受访者表示不应该加入,48%的受访者则表示,他们所拥有的知识不足以对此做出判断,最后2%表示不确定。[②]虽然48%的高比例结果表明,公众似乎对气候问题支持和反对两方的争论无法做出判断,也因为气候问题和相关国际协议可能涉及的技术知识的了解难度而无法做出决定,但是31%的受访者仍然认为美国是应该加入《京都议定书》的,至少要比表示反对的19%公众比例要高得多。在同一个时期的另一份类似问题的问卷调查中,提问是："你可能知道,乔治·W.布什宣布美国要退出1997年在日本京都达成的关于全球变暖的协议,你同意还是反对这个决

---

①CBS News/New York Times Poll, Nov, 1997. Retrieved Mar-30-2012 from the iPOLL Databank, The Roper Center for Public Opinion Research, University of Connecticut. http://www.ropercenter.uconn.edu.proxy.library.emory.edu/data_access/ipoll/ipoll.html.

②NBC News/Wall Street Journal Poll, Jun, 2001. Retrieved Mar-29-2012 from the iPOLL Databank, The Roper Center for Public Opinion Research, University of Connecticut. http://www.ropercenter.uconn.edu.proxy.library.emory.edu/data_access/ipoll/ipoll.html.

定?"结果则表明,32%公众同意这个决定,而超过半数的51%则反对政府的这个决定,17%没有发表意见。[1]这样看来,民意调查显示在当时的美国国内,支持国际气候规范的公众还是占大多数的。

但有意思的是,当把经济问题与气候问题放在一起比较进行民意调查时,结果表明公众的意见却是偏向于反对国际气候规范的国内行为体的观点的。有一份问卷调查的问题如下:

> 我将向你阐述一类针对《京都议定书》的特定观点,这份议定书是关于阻止全球变暖的国际协议,请告诉我你是同意还是反对。这类观点如下:《京都议定书》会对经济造成损害,导致失业,而对减缓全球变暖的效果很小。强烈同意、一定程度上同意、一定程度上反对或者强烈反对。

结果显示如下:18%的受访者表示强烈同意、37%一定程度上同意、18%一定程度上反对,而只有4%的人表示强烈反对,23%的受访者表示不知道或拒绝回答。[2]

这样看来,有55%的受访者认为《京都议定书》会对美国经济带来负面影响,只有22%的人是反对这种观点的。此外,2001年还有一个系列问卷调查,主要针对气候问题和经济问题相比较,对公众进行了调查。问卷问道:"如果政府采取强制的行动来减缓全球变暖的趋势会带来以下列举的事项和结果,你个人来说会否支持?"在"失业率上升"选项中,38%表示即

---

①Gallup Poll, Jul, 2001. Retrieved Mar-29-2012 from the iPOLL Databank, The Roper Center for Public Opinion Research, University of Connecticut. http://www.ropercenter.uconn.edu.proxy.library.emory.edu/data_access/ipoll/ipoll.html.

②Wirthlin Quorum Poll, Oct, 2000. Retrieved Mar-30-2012 from the iPOLL Databank, The Roper Center for Public Opinion Research, University of Connecticut. http://www.ropercenter.uconn.edu.proxy.library.emory.edu/data_access/ipoll/ipoll.html.

便面临失业率上升,还是会支持政府坚定的减排方案,55%表示否定,7%表示不确定。而在"水电瓦斯费等生活费用上升"选项中,47%表示还是会支持,而49%的人表示反对,4%表示不确定。只有在"微弱的通货膨胀时"选项中,支持的公众比例超过了反对的比例,54%的公众表示仍然支持,39%表示反对,7%表示不确定。[1]显然,单纯询问公众对气候规范的支持度时,支持比例很高,一旦和经济问题挂钩,赞同比例就降低了,甚至反对的比例超过了赞同的比例。只有在告知是"微弱的通货膨胀"之时,赞成的比例才稍微高于反对的公众比例,而反对的比例也不低。

显然,国际规范挑战者所进行的语言框定是很成功的,只要把气候规范的问题领域转换至经济问题领域,公众的意见倾向立即发生了明显转变。因此,不需要在气候变化的科学基础上完全推翻国际气候规范支持者的论证,只要把气候规范框定为经济问题,面对这样的选择时,退出《京都议定书》的政府决策虽然在气候问题上是不合理的,但在经济问题上则是很合理的决策。如此,公众对政府决策的反对自然不会太过激烈。

除了在2001年布什政府宣布退出《京都议定书》之后的一段时间,问卷调查的问题主要集中在美国是否应该重新加入《京都议定书》之外,此后一直到2002年2月布什政府宣布温室气体排放的新方案及以后,问卷调查的主题仍然多数集中在对全球变暖的一般性认识上,与之前的没有太大区别,结果也没有太多的变化。但是有一份调查可以部分显明公众对政府的气候政策的态度。2002年6月的一份问卷调查问道:"请你对布什政府在下列问题的处理进行评分:请问你认为政府在处理全球变暖的问题上表现出色、良好、一般还是糟糕?"6%的受访者给出了"出色"的评价、19%认为

---

①Time/CNN/Harris Interactive Poll, Mar, 2001. Retrieved Apr-2-2012 from the iPOLL Databank, The Roper Center for Public Opinion Research, University of Connecticut. http://www.ropercenter.uconn.edu.proxy.library.emory.edu/data_access/ipoll/ipoll.html.

"良好"、33%则认为"一般"、32%则认为"糟糕"。①似乎有不少受访者对政府在气候问题的政策安排上表示不满,但是持反对意见的毕竟是少数,58%的公众并不表示反对。实际上,在此之前也有类似的问卷调查询问公众对克林顿政府在气候问题上的政策表现的意见,结果如下:3%的受访者给出了"出色"的评价、15%认为"良好"、47%认为"一般"、17%则认为"糟糕"、14%认为是"失败"、5%表示不知道。②这样看来,两者基本相似,布什政府在获得"出色"和"良好"的评价比例上还要稍高一些。所以尽管大多数公众在面对类似是否应该应对全球变暖和加入《京都议定书》的问卷调查时仍然持肯定的态度,但是对政府拒绝接受国际气候规范的行为并不存在强烈的反对和改变的意图,对政府的政策评价也并没有因此下降。

①Worldviews 2002 Survey, Jun, 2002. Retrieved Mar-30-2012 from the iPOLL Databank, The Roper Center for Public Opinion Research, University of Connecticut. http://www.ropercenter.uconn.edu.proxy.library.emory.edu/data_access/ipoll/ipoll.html.

②America Speaks Out On Energy Survey, Sep, 1998. Retrieved Apr-2-2012 from the iPOLL Databank, The Roper Center for Public Opinion Research, University of Connecticut. http://www.ropercenter.uconn.edu.proxy.library.emory.edu/data_access/ipoll/ipoll.html.

第六章 结 论

气候变化规范包含了公平、正义、责任、国际合作等核心价值,在很大程度上是美国大力倡导的一些价值理念,与其国内的规范结构基本是契合的。但是反对国际气候规范的国内行为体,在挑战规范传播的语言实践中所采取的策略,调动了美国国内生产和消费模式中与国际气候规范所传播的理念并不一致的文化,成功阻挠了气候规范在国内的传播。实际上,并不能一概而论地从文化契合度的角度对规范传播的效果进行分析,一方面国内的规范结构是多层次的,既可能存在与所传播的规范一致的原有观念,也可能存在与之矛盾的理念;另一方面,国内的规范结构也不是恒久不变的,主流文化会随着时间和形势的变化发生改变,世易时移。因此,对行为体策略的研究,既能够对行为体的能动性有更深入的了解,也能够对规范结构的变迁进行动态分析,从而了解变化产生的动力源。

一、发展近况与基本结论

(一)气候问题及国际规范在美国国内的发展近况

美国于2001年3月退出《京都议定书》至今,国际社会和国内都存在不少重返该国际协议的呼声,特别是在民主党的奥巴马任总统后。一方面,民主党在气候问题和国际合作上一向态度积极,美国曾在同为民主党执政的克林顿政府时期比较积极地参与国际气候协议的制定,并且签署了《京都议定书》(虽然没有提交到参议院);另一方面,奥巴马本人在选举过程中与上任后都对气候问题比较关注,态度也比较积极,他甚至被称为"最绿色的总统"和"新能源总统",也力图在气候变化领域发挥美国的领导者角色。甚至在奥巴马上任的第一周,就签署了两项总统行政法令,即《2009年恢复与再投资法》和《美国清洁能源安全法案》,要求美国提高燃油使用效率,并允许州政府制定高于国家标准的汽车尾气二氧化碳含量标准。①他曾发表言论:"当世界来到白宫的阶梯,来聆听美国对气候变化有何看法的时候,我会让他们知道,美国正迎接挑战,美国已准备好再次领先。"②但是在2010年7月22日,美国参议院多数党领袖哈里·里德宣布,在参议院夏季休会前从付诸全体讨论表决的能源议案中舍弃限制碳排放的气候条款,基本上宣告了第111届美国国会关于限定温室气体排放的气候立法努力的失败,而且至今为止美国从来没有对重返《京都议定书》表示过正面积极的态度。

其实,对美国重返国际气候协议的期待一直存在,即使是在布什政府宣布退出《京都议定书》之后以及在他的任期内也不乏这样的期待和呼声。例如,在2002年6月,美国环保局公布了《2002年气候变化报告》,该报告承认全球变暖的科学依据及专门委员会相关气候评估报告的结论。由于这代表着政府的观点和态度,于是一些评论人士认为该报告已经在部分地支持《京都议定书》,尽管报告本身并没有直接认可该公约,很有可能政府会重返《京都议定书》。当时的媒体报道也把这个看作布什政府气候变化政策的转折点。但是不仅美国至今还游离于该国际气候协议之外,当时政府在公开发言中也否定政府有改变其政策的意向,认为尽管认同气候变化的真实性,但是仍然对实践减排计划的具体制度安排即《京都议定书》表示不满,同时认为其是不符合现实且损害美国国家利益的。这在前面案例分析的新闻报道"全球变暖28"中就可以得到反映:在2002年6月4日的美国

①余建军:《美国奥巴马政府气候变化政策及对我国的启示》,《国际观察》2011年第6期。
②[美]巴拉克·奥巴马:《奥巴马对新能源未来的另类憧憬》,《资源与人居环境》2008年第12期。

全国广播公司的晚间新闻报道中,白宫再次表明布什政府对《京都议定书》的否定态度。

我们再看几个最新的数据资料。[①]在2012年3月盖洛普所进行的一项民意调查中,问卷问道:"你是否认为全球变暖会对你现在的生活造成严重的威胁?"只有38%的人认为全球变暖会对当前的生活产生严重威胁,61%的公众则表示否定,1%没有发表意见。[②]由盖洛普同时进行的另一个问卷问道:"下面,我将请你思考一下你所在的当地今年冬天(2011—2012年)与过去相比,你认为气温较以前较高了主要是因为全球变暖还是正常的年际波动?"38%的受访者认为主要是由于全球变暖,58%则认为是正常的年际波动,4%没有说明;而这些受访者中表示当地今年冬天比以往暖和的比例占到了79%。[③]这些数据和前面案例分析中1997—2002年期间的数据相比发生了很大的变化,公众对全球变暖的态度似乎往负面方向发展了。当时即便在布什政府做出退出《京都议定书》的决定之后的一两年间,美国公众对气候问题和气候规范的认识也还是倾向于支持和接受的。但是现在,在与克林顿政府一样倾向于支持气候规范并且积极参与气候协议制定的奥巴马政府时期,公众对气候问题的认识却发生了退化。

那么如果和之前一样把气候问题与经济问题相比较,公众的意见会是如何呢? 盖洛普在2011年3月进行的一项民意调查显示,当问及公众以下问题时:"你更同意以下哪个关于环境和经济的论断:即使冒着限制经济增长的风险也应该给予环境保护优先性,或者是即使环境受到一定程度的破坏也应该给予经济增长优先性?"36%的人认为环境保护应该有优先性,而有54%的受访者认为经济增长应该有优先性,6%认为两者都享有政策优

---

①数据资料同样采用的是来自洛普民意研究中心档案库的问卷调查数据,详细问卷调查内容和结果参见附录4。

②③Gallup Poll, Mar, 2012. Retrieved Apr-4-2012 from the iPOLL Databank, The Roper Center for Public Opinion Research, University of Connecticut. http://www.ropercenter.uconn.edu.proxy.library.emory.edu/data_access/ipoll/ipoll.html.

先性,4%没有发表意见。[①]

再看看往前推的历年数据,盖洛普在2010年3月进行的同样问题的问卷调查结果显示:38%的公众认为环境保护享有优先性,而53%的受访者则认为经济发展享有优先性。[②]而在2009年3月,同样的问卷调查结果如下:42%受访者表明应该给予环境保护优先性,51%认为经济增长应该享有优先性。[③]数据的结果似乎表明公众越来越不重视气候问题(相较于经济问题),认为经济增长应该具有优先性的受访者比例不断上升。而2008年的数据进一步证明了这一点,同样的问卷调查结果表明49%的受访者认为环境问题应该给予优先性,超过了认为经济应该优先的42%。[④]

2008年美国爆发的金融危机可能对公众的态度有重要的影响,这一点体现在环境问题和经济问题的比较上可能会明显一些。但是公众对气候问题本身的关注和认识发生的变化就不仅仅是因为经济问题了,对气候变化的真实性和迫切性认识都发生了转折。在这种情况下,经济问题不会是导致公众对气候问题和气候规范的共识下降的原因,但是用经济问题来框定气候规范的问题领域却更容易获得公众的接受。可以说,在当前的形势下,反对国际气候规范的国内挑战者,要利用前面提到的语言实践策略来阻碍气候规范在国内获得合法性地位,要比十年前容易得多。

---

①Gallup Poll, Mar, 2011. Retrieved Apr-4-2012 from the iPOLL Databank, The Roper Center for Public Opinion Research, University of Connecticut. http://www.ropercenter.uconn.edu.proxy.library.emory.edu/data_access/ipoll/ipoll.html.

②Gallup Poll, Mar, 2010. Retrieved Apr-4-2012 from the iPOLL Databank, The Roper Center for Public Opinion Research, University of Connecticut. http://www.ropercenter.uconn.edu.proxy.library.emory.edu/data_access/ipoll/ipoll.html.

③Gallup Poll, Mar, 2009. Retrieved Apr-4-2012 from the iPOLL Databank, The Roper Center for Public Opinion Research, University of Connecticut. http://www.ropercenter.uconn.edu.proxy.library.emory.edu/data_access/ipoll/ipoll.html.

④Gallup Poll, Mar, 2008. Retrieved Apr-4-2012 from the iPOLL Databank, The Roper Center for Public Opinion Research, University of Connecticut. http://www.ropercenter.uconn.edu.proxy.library.emory.edu/data_access/ipoll/ipoll.html.

(二)气候规范合理性、合法性的分离及其相互作用

在理论部分曾对规范的合理性和合法性进行分析,认为合法性的获得才是规范得以接受、遵守进而内化的关键,而这种合法性的获得来源于社会成员的共识和授权。所以合理性是合法性的一个必要条件,但却并不是充分条件。任何规范要获得社会成员赋予合法性,都必须在合理性上有所体现。所谓合理性,简单来说就是合乎日常情理的主观判断。因此,气候规范的合理性必然是其得以传播的首要条件。只是,合理性并不能确保规范的顺利传播。实际上,正是因为如此,才会存在规范倡导者为了传播规范而使出浑身解数的现实:因为仅仅是合理的规范不能保证其得到公众的认同和接受,即获得合法性地位。在国际气候规范的传播进程中,虽然美国国内的挑战者不曾断绝过对气候规范合理性的质疑,如质疑气候变化真实性的各种言论通过不同领域的行为体都有所体现。但是真正要阻挠气候规范在美国国内获得合法性,对合理性进行直接挑战显然是不明智也不甚有效的方法。

所以反对国际气候规范的行为体在挑战气候规范的语言实践活动中进行的策略选择就很重要。通过语言策略选择,特别是对气候规范核心问题的意义重构,将气候规范的核心问题领域从气候这个科学性较强的领域转移到了经济领域。但是并不是说语言框定这个策略是最为重要的,权威联盟、语言框定和焦点转移这三个策略在一定程度上互相配合和推进,缺乏任一策略的配合,效果就会比较弱。通过这三个策略,气候规范所具有的合理性仍然存在,但是从这个合理性进入到合法性的道路却被截断了。如果挑战者的攻击视野仍然集中在气候问题领域,那么要推翻气候规范的合理性必须掌握确实的科学依据,这在近期来看不仅是不可能也是不占优势的。但是通过将气候规范的核心问题领域框定为经济问题,气候规范作为缓解气候变化问题的合理性仍然存在,但是要在被框定的经济问题领域上获得合法性却不甚可能了。在权威联盟的共同努力之下,再加上焦点转移后争论的焦点不再落在气候规范的合理性核心要素上,而是转移至细枝

末节，由此，公众对反对具有合理性的气候规范的行为和观点有了可以饶恕的理由和借口。于是，在三个策略的相互配合之下，气候规范失去了在美国国内获得合法性地位的机会。

而当美国宣布退出《京都议定书》之后，气候规范显然是没有在其国内获得合法性地位的，而规范合法性地位的丧失对其合理性的作用则在此后显现出来。规范的合法性地位会影响人们对其合理性存在的认同度：规范获得合法性会加强其合理性，而合法性地位的丧失虽然并不一定会使规范成为缺乏合理性的规范，但是会逐渐腐蚀和削弱规范的合理性甚至导致人们对其合理性的质疑。也就是说，能够获得合法性的规范，必然具备合理性；具有合理性的规范，不一定能够获得合法性（现实中很多具有合理性的事物或规范、原则并没有上升到获得社会成员共识的地位）；缺乏合法性的规范很难保持其合理性。换个说法，缺乏合法性的规范就好比被遗忘了，即便不被否认合理性，也会逐渐消失在社会视野之中，也就不必计较是否合理了，与被否认合理性的规范一样都是死亡的规范。气候规范在美国的情况正是如此。正如前面提到的2012年的数据调查显示的那样，民意调查显示公众对气候规范的合理性基础即气候变化的真实性和迫切性的认识显然比从前退步了不少。

进一步地，气候规范在美国国内丧失合法性导致了对其合理性的负面影响，使得气候规范的合理性有所弱化，而这种弱化的趋势不仅体现在美国一国之内，对国际社会也有一定的影响。从近年来不断出现的气候门、冰川门等事件来看，国际社会中对气候规范的核心合理性基础即气候变化的科学依据产生的质疑正在不断增多。同样地，如果说具有领导模范作用的大国接受国际规范或者接受国际规范的国际社会成员国数量达到所谓的倾斜点，将会大大加快规范传播的速度，那么具有示范效应的大国对国际规范的拒绝也会对规范传播带来负面示范结果，2011年加拿大退出《京都议定书》在一定程度上就体现了这一点。

二、进一步说明和解释

（一）规范结构与规范竞争

对于国际气候规范与美国国内规范结构（或者文化结构）是否一致的问题，产生的怀疑可能不是很多，但可能存在的疑问是，国际气候规范强调的一些原则如人权、平等、责任和多边合作等，虽然可能是与美国国内规范结构基本契合的，但是强调自我利益的经济竞争力理念同样（如果暂不考虑哪种价值在美国文化中占据更重要的地位）是符合美国国内规范结构的，那么本书提出的现实疑惑就变成规范竞争问题了，即都符合美国国内规范结构的不同规范在同一实践中争夺主导权的竞争。的确，一国的规范结构是由许多不同规范所构成，在面对同一事件时，可能这些规范会存在互相冲突的情况，那么哪个规范会最终获得国内的合法性地位是值得考虑的。即便如此，这个思考角度也不会成为反驳本书研究假设和结论的出发点。因为本书只是把落脚点放在了成功突破规范结构限制的案例上，强调成功突破规范结构限制的行为体在语言实践中采取的策略，行为体的策略选择本身就蕴含着竞争的状态：如何最大限度地调动语言资源、发挥语言效力，自然就意味着如何胜过竞争对方在这方面的发挥。

因此，本书之所以把焦点集中在成功选择策略的行为体一方，是为了研究的便利，因为若要对竞争各方之间的互动进行分析，这种动态复杂的情势很有可能造成研究变量的不可操作。

本书提出，规范传播结果受到行为体的策略的影响，而不仅仅受到规范与规范接受国国内规范结构之间的契合度限制，因为美国退出《京都议定书》的行为显然表明，美国拒绝了实际上与其国内规范结构基本契合的国际气候规范。事实上，一国实行与其社会规范结构并不一致的行为是大量存在的现实情形。以美国为例，美国政治文化中极其强调"政治平等"这一理念，可以说这既是在建国时期颁布的宪法中就已经写明的，也是现实政治中反复强调的一点，但是历史中不断有与这一基本规范相违背的事实：奴隶黑人的历史、种族歧视、对华人的排斥，以及20世纪50年代以反共、反民主、恶意诽谤、肆意迫害共产党和民主进步人士著称的麦卡锡主义和美国政治的极端时期，等等。这些显然都是与美国的规范结构和基本价值理念很不相符的，但却真实地发生并占据了美国历史中的一段时期。所以我们可否得出"美国是个虚伪的国家"的结论，口称"民主""公平""正义"，却做出完全不同的行动？对此塞缪尔·亨廷顿曾说过："有批评认为美国就是一个谎言，因为事实和理想相差甚远；但是美国并不是一个谎言，只是一项令人失望的事实，而之所以会令人失望是因为她还代表着梦想。"①暂且不对美国所谓梦想之国的称谓进行评价，现实与理想之间的距离的确是存在的，而行为与规范准则之间的差距也同样存在。现在看来，这事实上是不同规范之间在竞争合法性上的胜负结果体现，更加重要的是，规范结构所确立的社会价值规范很有可能无法束缚人们对其进行改变，采取完全不同的行为，因为人类生活虽然植根于社会文化结构中，但不代表行为体不能发挥能动性，创造和改变现有的社会结构——否则人类社会的发展和变化就不会出现。在建构和再造社会结构的语言实践过程中，行为体的策略选择的确发挥了很重要的作用。

正如前面提到，从社会规范结构的有限限制力出发强调对策略的重视并不与规范之间的竞争相冲突，只是侧重点不同而已，取决于本书最初提出的研究问题的出发点，因为本书在文献梳理和现实政治之间发现和提出的问题所针对的是规范结构对规范传播的影响问题，质疑的是国内规范结构（或者文化结构）在规范传播效果上的决定性作用。

（二）失败案例与规范的作用

美国国内挑战气候规范的行为体的行为并不代表国际气候规范没有起到影响国家行为的作用，相反，恰恰是这些挑战者在挑战国际气候规范

---

① Samuel P. Huntington, *American Politics: The Promise of Disharmony*, Cambridge, MA: Belknap Press of Harvard University, 1983, p. 202.

的传播的过程中所采取的各种策略,体现他们对规范的重视。

一方面,国际气候规范的倡导者为了推动规范的传播进行了很多语言实践活动。从美国国内的情况来看,虽然本书的案例研究中主要分析了反对国际气候规范的行为体所进行的语言实践活动及其策略选择,但是从数量来看,规范支持者的活动要比反对者积极活跃得多。例如前面提到的范德比尔特电视新闻档案库的新闻报道中,与气候问题相关的语言实践活动共有234个("气候变化"关键词的新闻报道26个,"全球变暖"关键词的新闻报道196个,"京都议定书"关键词的新闻报道9个,"气候大会"关键词的新闻报道3个),其中国内反对气候规范的行为体通过电视语言所参与的新闻报道却只占其中的33个("气候变化"关键词的新闻报道3个,"全球变暖"关键词的新闻报道28个,"京都议定书"关键词的新闻报道2个,"气候大会"关键词的新闻报道0个),从比例上看只占了大约14.1%。其他则多是有助于国际气候规范传播的新闻报道,例如气候变暖的各类科学依据、现实情况等。除此之外,不仅仅是美国国内的支持者积极参与了推动气候规范传播的语言实践活动,规范的国际倡导者更是不遗余力地积极推动,以专门委员会等国际组织为核心的规范倡导者在国际社会中推动的气候规范传播活动数不胜数。

另一方面,规范支持者的语言实践活动的确对气候规范的传播起到了重要的推动作用。根据洛普民意调查公司的调查结果,在1981年的调查中,当问及是否听说或看到过关于温室效应的事情时,只有38%的肯定回答;而到了1989年,就在詹姆士·汉森将气候变化问题抛入大众视野之后不久,民意调查的结果显示79%的被调查者表示他们知道温室效应。[1]在2001年3月,即布什政府宣布退出《京都议定书》之前几天,有一份民意调查则显示,当问及公众对"温室效应"的认识程度时,有15%受访者表示十

---

[1]Spencer Weart, *The Discovery of Global Warming*, Cambridge, MA: Harvard University Press, 2003, p.156

分了解、54%表示相当了解、24%表示不是十分了解、6%表示一点也不了解、1%没有发表意见。[1]公众对气候变暖的认识可以说比此前显然再次上升了。而2000年底的一份问卷调查让受访者根据他们对全球变暖问题的关注度进行评分,以0~10来评分,10分表示极其关注该问题,5分表示有点关注,0分则表示一点也不关注。结果显示如下:0~2分的受访者占8%,3~4分的占7%,5分即有点关心全球变暖问题的占15%,比这个关心程度稍高些的6~7分则占了22%,最为关心即给了8~10分的受访者比例占到了46%,表示不知道的占了2%。[2]甚至在政府做出退出国际气候协议的决定之后,公众对参与该议定书和治理全球变暖的认识仍然是正面的态度,这些在前面的案例分析中都有提及,在此就不再赘述。显然国际气候规范的倡导者所进行的规范传播活动是取得了很多成效的,公众对气候变化的认识不断得到提高,也对气候规范的合理性有了正面积极的评价。

总结上面两点,国际规范倡导者为了推动规范传播所进行的语言实践活动不仅仅是积极主动的,而且是取得了效果的。再加上我们对美国国内规范结构与国际气候规范基本契合的认识和论证,气候规范传播到美国的进程显然应该是比较顺畅的。但是正因为这么多正面因素的存在却没有带来规范成功传播的结果,这个现实案例的反常就十分值得研究,也正是这一点引起了笔者对规范传播研究理论的再思考。正是在这些显然不利于规范挑战的情况下,气候规范的国内反对者通过语言实践活动中的策略选择所产生的如此有力的效果,更突出了行为体的能动性,突出了策略的重要性。换个角度说,气候规范的国内反对者进行的虽然是反对规范传播

①Gallup Poll, Mar, 2001. Retrieved Apr-7-2012 from the iPOLL Databank, The Roper Center for Public Opinion Research, University of Connecticut. http://www. ropercenter. uconn.edu.proxy.library.emory.edu/data_access/ipoll/ipoll.html.

②Post-Election Survey, Nov, 2000. Retrieved Apr-2-2012 from the iPOLL Databank, The Roper Center for Public Opinion Research, University of Connecticut. http://www.roper-center.uconn.edu.proxy.library.emory.edu/data_access/ipoll/ipoll.html.

的语言实践,但是也可以看成是"反"规范的规范传播。所以选取这个规范传播的失败案例并不仅仅是为了解释为什么气候规范的传播会在美国受阻,而是为将来的规范传播提供一个新的建议和思考视角:注重在规范传播的语言实践进程中行为体的能动性和策略选择。

(三)行为体、实践能动性与实践场域

本书提出,行为体在语言实践活动中的策略选择对规范传播的进程会产生重要影响,其中明显很强调的一点是行为体的实践能动性,认为行为体能够通过发挥主观能动性来改变规范传播的进程方向。但是由此会产生的一个问题就是,现实世界中发生的许多实践进程实际上并不存在某一个或某几个行为体联盟的主观设计,即无主传播问题,比如谣言的传播,既然不存在特定的主体,那么就不存在策略选择问题了,那么显然,本书提出的理论框架是无法解释和回答这类问题的。的确,很多问题的兴起从一开始并没有明显的推动者和主导者,似乎自然而然地发生了。但不可否认的是,所有在进行中、扩大中并且试图成功获得公众注意力并最终进入主流、获得合法性地位的此类规范传播必然具有一个或几个主导的倡导者。换句话说,要进入主流、获得合法性地位的观念或规范必然需要明确的行为体,这一点又进一步印证着本书所强调的主体能动性和语言实践的能动性。所以本书并不否认无主传播的现实情况,但要强调的是:传播要获得合法性地位,必然具备一定的行为体及其联合。而国际关系领域的规范传播更是明显具有组织性、系统性的有特定目标群体的活动,意在影响和改变以国家为主要目标群体对其所倡导理念的认同度,是有目的、有组织的信息交换进程。

另外,由于本书案例选取的是美国退出《京都议定书》的国内分析背景,那么美国政治体制的特点就不得不考虑,其中存在的一个疑问就是美国三权分立的政治体制给行为体的语言实践提供了实施和反应的时间和空间(designed to be slow)。所以从这一点来说,行为体的语言实践可以施行的环境还是受到国内政治体制和环境影响的,不同政治体制的国家可能

会有不同的情况,行为体能动性的发挥也在一定程度上取决于国内社会环境。这样看来,本书的研究结论似乎在普遍性上受到了很大的限制。实际上,这一点也正是本书立足于"实践"这一核心概念的重要体现,因为实践的场域不同,场域中的关系构成也将不同,行为体不可能完全以同一种形式在不同场域行事——显然行为体所预先持有的个体"默会知识"也不一样。但是行为体的能动性,通过其在语言实践中的策略选择得以体现却是可以确定的,即便这种能动性的发挥受到场域的限制和影响。所以本书结论并不是为了证明行为体在任何环境下都一定可以通过策略选择来发挥能动性,而是为了说明行为体具备实施这样的实践的可能性,而不是完全沦为环境(规范结构、文化等)控制下的产物,毕竟人类作为高等动物与其他生物不同的一点就是能够创造。

三、可能存在的不足和未来研究的方向

有研究认为,美国总统所代表的党派、利益集团利益及个人偏好,实际上就决定了美国对外决策,类似于托克维尔(Alexis de Tocqueville)所提到的软暴政(soft tyrany)。[①]这些政治精英所掌握的权力资源足够决定政策决议进程,也是分别在克林顿和小布什总统任期上美国政府在国际气候规范问题上表现不同的原因。的确,总统所代表的党派、利益集团利益及个人偏好在一定程度上影响着其在对外政策上的倾向,但是并不代表这是决定性因素。本书也是赞同总统作为美国政治体制中重要的一环所起到的作用的,也在前文谈到并且分析了总统的语言实践活动,但是并不认同"政府首脑更替是美国拒绝《京都议定书》的决定性因素"这类判断。首先,虽然美国政府在克林顿时期签署了《京都议定书》,但是却从未将其送交参议院批准以使其对美国产生约束力。而在1998年8月,克林顿政府更是明确

---

① Alexis de Tocqueville, *Democracy in America*, edited by J. P. Mayer, translated by George Lawrence, Garden City: Doubleday Anchor, 1969.

宣布不会将《京都议定书》送交参议院批准,因为《京都议定书》是"有缺陷的和不完整的"。[①]而早在1997年7月25日,即美国参加《京都议定书》谈判之前,美国参议院通过的"伯德·哈格尔决议"就已经确立了美国气候变化外交政策的基调,即在发展中国家缔约方不同时承诺承担限制或者减少温室气体排放义务,或将会严重危害美国经济的情况下,美国不得签署任何与《公约》有关的议定书或协定。[②]在这种情况下,由于国际条约的批准需要得到参议院三分之二多数的支持,所以即便副总统戈尔代表美国政府签署了该议定书,克林顿政府也是倾向于积极应对国际气候变化问题的,但是《京都议定书》显然很难在美国获得批准。其次,布什本人并不否认地球正在变暖,在2000年竞选时就做出姿态承诺将采取严厉措施应对气候变化问题。实际上,正如前面案例分析中提到的,虽然布什宣布退出《京都议定书》,但随后就制定并发布了新的《能源政策法》,对包括美国国内和在发展中国家部署气候变化技术(climate change technology)等方面的问题做出了规定。显然,总统及其代表的党派、利益集团利益和个人偏好并不能够完全解释和决定美国政府的对外政策。

另外,《京都议定书》的反对者的核心观点是一旦实施该条约,环境将受益而经济将受害。所以当美国做出退出《京都议定书》的决定之后,国际社会对美国只顾本国经济利益而罔顾他国的共同利益的短视行为表示了谴责,而不少解释也认为美国公众会支持政府的这个决策是因为这涉及了自身的经济利益。对于这个问题有两点需要明晰:首先,《京都议定书》会对美国经济造成重大的损失,这个论断并不是一个完全不受质疑的观点。有些观点认为,如果美国政府对燃油征收国税的话,反而会大幅度刺激经济增长。因为燃油税将会大幅降低石油的消费,自然也就会降低油价。同

---

①Gore Bob Zelnick, *A Political life*, Washington, DC: Regnery Publishing, Inc., 1999, p. 337.

②董勤:《安全利益对美国气候变化外交政策的影响分析——以对美国拒绝〈京都议定书〉的原因分析为视角》,《国外理论动态》2009年第10期。

时,美国政府每年还可以获得大额税收,这对于美国这个石油消费大国来说反而可能是个好事。同时,政府还可以把征收的燃油税一部分作为投资返还给消费者,这样又可以带动环保企业的发展,高油价和对替代技术的应用会使石油的消费减少9%,仅此已足以使美国达到京都议定书的排放要求。其次,即便不聚焦于《京都议定书》对美国经济的负面影响上,或者说即便这个论断是对的,而国际气候规范的倡导者则强调和致力于证明气候变化对人类生活利益的重大负面影响,那么在面对两个都十分重要、切关自身利益的论断时,公众做出选择的依据又该是什么? 在面临这样的选择时,正如前面对规范合理性的讨论中分析的那样,合理性并不能保证合法性的获得。在这个合理性向合法性发展的过程中,必然有一个重要的环节,即行为体通过语言实践活动中的策略选择来争取公众对自身观点的认同。

因此,权力和利益都是重要的现实因素,本书并不试图否认这两个政治生活中的重要因素,而是认为在这两个因素之外有被忽视的其他因素同样在发挥着重要的作用,即行为体的"策略选择"。

但是本书存在的一个问题是,对于权力和利益如何影响行为体的"策略选择"还缺乏深入的分析。本书提出的一个核心策略就是行为体要结成权威联盟,这会影响行为体在语言实践活动所能调动的语言资源,而语言资源和权力在很大程度上是有正相关关系的,且对规范持不同态度的行为体自然也是出于利益的目的来参与到相应的语言实践活动中来的。所以具体到策略选择的操作问题上,行为体是如何把握这些核心的权力资源,如何将具有共同目标的利益体的行动在实践中整合在一起,还有许多研究工作需要去做。尽管本书强调了行为体能动性的重要性,强调策略选择的可行性,但是对于行为体在权力和利益充斥的现实世界中能动性的发挥可能还是需要进一步的研究。具有自由意志而不仅仅遵循本能是人类与其他动物的重要区别,而对自由的追求一直是人类历史中不断发展,并且仍然没有结束的一个进程,所谓若为自由故,一切皆可抛。

以本书的具体案例来说,虽然公众面临着两类选择:一是气候规范倡导者和支持者所强调的气候变化对人类生活环境的重大影响和改变这一现实的重要意义;二是气候规范的国内挑战者将气候规范框定在经济问题领域,并且将否定焦点确立在实施规范的具体措施上。似乎公众对这两类观点有自由选择的意愿。但是正如策略一所提到的权威联盟,这些在气候规范上有重要利益的行为体所形成的权威联盟一方面通过掌握权威资源(在一定程度上相当于权力)来说服公众接受他们的说辞,另一方面则是直接通过掌握核心政治权力做出了拒绝气候规范的政治决策。在这种情况下,公众是否真正根据自身的判断做出了自由选择,还是受到规范挑战者的蒙骗? 不仅是对于公众,对于行为体来说,也存在同样的问题。行为体能动性的发挥同样受到现实的束缚,受到权力的影响。是不是所有行为体都能够"自由"地进行策略选择来发挥其在语言实践活动中的能动性,这些都是需要在将来的研究中进行深入探索的重要问题。

附 录

一、美国公众对气候问题与国际气候规范的认识和态度
（1997年1月至2002年12月的民意调查结果）^①

1. We'd like your opinion about how things might change over the next century. Do you think... global warming will turn out to be a serious problem, or not?^②

PSRA/Newsweek Poll, Jan, 1997

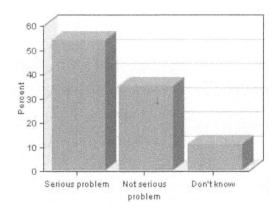

54% Serious problem,

35% Not serious problem,

11% Don't know.

---

①下列收集整理的问卷调查及其结果根据本书中给出的顺序排列，而不是时间顺序，以方便检索。

②PSRA/Newsweek Poll, Jan, 1997. Retrieved Apr-1-2012 from the iPOLL Databank, The Roper Center for Public Opinion Research, University of Connecticut. http://www.roper-center.uconn.edu.proxy.library.emory.edu/data_access/ipoll/ipoll.html.

2. Do you think that global warming is an environmental problem that is happening now, do you think that global warming will happen in the future, or do you think that global warming will not happen — or don't you have an opinion on this?[1]

World Wildlife Fund National Survey, Aug, 1997

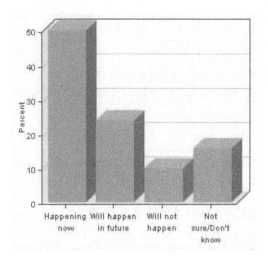

50% Happening now,

24% Will happen in future,

10% Will not happen,

16% Not sure/Don't know.

3. Some people believe that the earth's atmosphere is gradually getting warmer as a result of air pollution and that, in the long run, this global warming could have catastrophic consequences. From what you have heard or read, do you believe that global warming is real, or not?[2]

---

① World Wildlife Fund National Survey, Aug, 1997. Retrieved Apr-1-2012 from the iPOLL Databank, The Roper Center for Public Opinion Research, University of Connecticut. http://www.ropercenter.uconn.edu.proxy.library.emory.edu/data_access/ipoll/ipoll.html.

② Wirthlin Quorum Survey, Sep, 1998. Retrieved Apr-1-2012 from the iPOLL Databank, The Roper Center for Public Opinion Research, University of Connecticut.

Wirthlin Quorum Survey, Sep, 1998

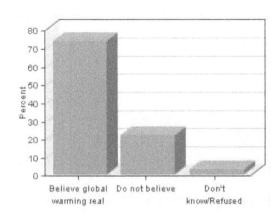

74% Believe global warm-
　　ing real,
23% Do not believe,
3%　Don't know/Refused.

4. Do you think that the possibility of global warming should be treated as a very serious problem, a somewhat serious problem, or not a serious problem?[1]

Harris Poll, Dec, 1997

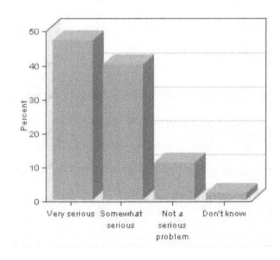

47% Very serious,
40% Somewhat serious,
11% Not a serious problem,
2%　Don't know.

---

①Harris Poll, Dec, 1997. Retrieved Apr−1−2012 from the iPOLL Databank, The Roper Center for Public Opinion Research, University of Connecticut. http://www.ropercenter.uconn.edu.proxy.library.emory.edu/data_access/ipoll/ipoll.html.

5. (Next, I'm going to read a list of environment problems. As I read each one, please tell me if you personally worry about this environmental problem a great deal, a fair amount, only a little or not at all.) ...The greenhouse effect or global warming.[1]

Gallup/CNN/USA Today Poll, Mar, 1999

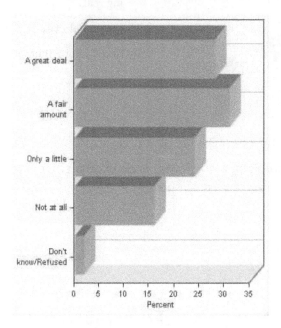

28% A great deal,

31% A fair amount,

24% Only a little,

16% Not at all,

1% Don't know/Refused.

6. I'm going to read you a list of environmental problems. As I read each one, please tell me if you personally worry about this problem a great deal, a fair amount, only a little, or not at all? How much do you personally worry about... the "greenhouse effect" or global warm-

---

[1]Gallup/CNN/USA Today Poll, Mar, 1999. Retrieved Apr-2-2012 from the iPOLL Databank, The Roper Center for Public Opinion Research, University of Connecticut. http://www.ropercenter.uconn.edu.proxy.library.emory.edu/data_access/ipoll/ipoll.html.

ing ...a great deal, a fair amount, only a little, or not at all?[1]

Pew News Interest Index Poll, Sep, 1999

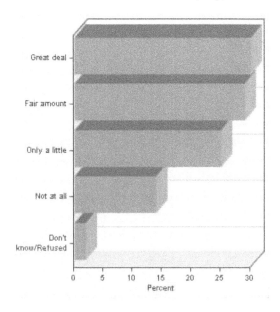

30% Great deal,

29% Fair amount,

25% Only a little,

14% Not at all,

2% Don't know/Refused.

7. (I'm going to read you a list of environmental problems. As I read each one, please tell me if you personally worry about this problem a great deal, a fair amount, only a little, or not at all.) How much do you personally worry about... the "greenhouse effect" or global warming?[2]

Gallup Poll, Apr, 2000

①Pew News Interest Index Poll, Sep, 1999.Retrieved Apr-2-2012 from the iPOLL Databank, The Roper Center for Public Opinion Research, University of Connecticut. http://www.ropercenter.uconn.edu.proxy.library.emory.edu/data_access/ipoll/ipoll.html.

②Gallup Poll, Apr, 2000. Retrieved Apr-2-2012 from the iPOLL Databank, The Roper Center for Public Opinion Research, University of Connecticut. http://www. ropercenter. uconn.edu.proxy.library.emory.edu/data_access/ipoll/ipoll.html.

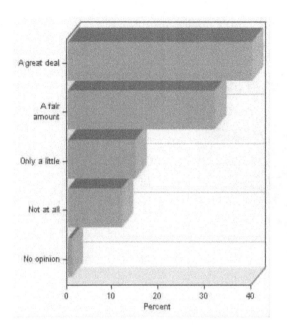

40% A great deal,

32% A fair amount,

15% Only a little,

12% Not at all,

1% No opinion.

8. (I'm going to read you a list of environmental problems. As I read each one, please tell me if you personally worry about this problem a great deal, a fair amount, only a little, or not at all.) How much do you personally worry about... the "greenhouse effect" or global warming?[①]

Gallup Poll, Mar, 2001

①Gallup Poll, Mar, 2001. Retrieved Apr-2-2012 from the iPOLL Databank, The Roper Center for Public Opinion Research, University of Connecticut. http://www.ropercenter. uconn.edu.proxy.library.emory.edu/data_access/ipoll/ipoll.html.

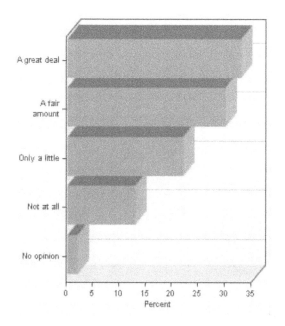

33% A great deal,

30% A fair amount,

22% Only a little,

13% Not at all,

2%　No opinion.

9. (I want to read you a short list of specific environmental issues. For each one, please tell me how concerned you are about that issue on a scale of zero to ten, in which ten means you are extremely concerned about the issue, 5 means you are somewhat concerned, and zero means you are not concerned at all. You can use any number in between zero and ten.)...Global warming.[1]

Post-Election Survey, Nov, 2000

①Post-Election Survey, Nov, 2000. Retrieved Apr-2-2012 from the iPOLL Databank, The Roper Center for Public Opinion Research, University of Connecticut. http://www.roper-center.uconn.edu.proxy.library.emory.edu/data_access/ipoll/ipoll.html.

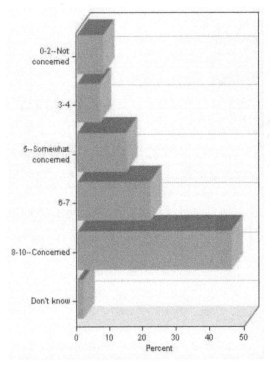

8% 0-2,Not concerned,

7% 3-4,

15% 5,Somewhat concerned,

22% 6-7,

46% 8-10,Concerned,

2% Don't know.

10. (Now, I am going to read you a list of potential threats to U.S. (United States) national security. For each one, please tell me whether it poses a serious threat, a moderate threat, a minor threat, or no threat at all to U.S. national security.)…Environmental problems like global warming.[1]

Global Engagement Survey, Dec, 2001

---

①Global Engagement Survey, Dec, 2001. Retrieved Apr-2-2012 from the iPOLL Databank, The Roper Center for Public Opinion Research, University of Connecticut. http://www. ropercenter.uconn.edu.proxy.library.emory.edu/data_access/ipoll/ipoll.html.

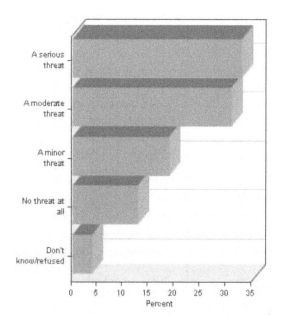

33% A serious threat,

31% A moderate threat,

19% A minor threat,

13% No threat at all,

4%　Don't know/refused.

11. Which of the following statements reflects your view of when the effects of global warming will begin to happen — they have already begun to happen, they will start happening within a few years, they will start happening within your lifetime, they will not happen within your life-time, but they will affect future generations, or they will never happen?[1]

Gallup Poll, Mar, 2002

①Gallup Poll, Mar, 2002. Retrieved Apr-2-2012 from the iPOLL Databank, The Roper Center for Public Opinion Research, University of Connecticut. http://www.ropercenter.uconn.edu.proxy.library.emory.edu/data_access/ipoll/ipoll.html.

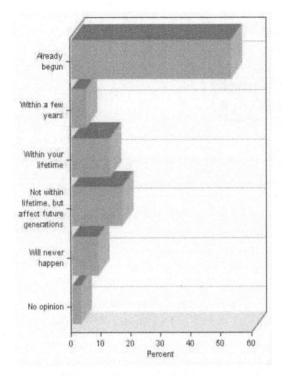

53% Already begun,

5% Within a few years,

13% Within your lifetime,

17% Not within lifetime,

but affect future gener-

ations,

9% Will never happen,

3% No opinion.

12. Do you think global warming is a result of normal fluctuations in the earth's climate, or is global warming a result of greenhouse gases — gases released when coal, oil, and gasoline are burned by cars, utilities, and other industry?[①]

CBS News/New York Times Poll, Nov, 1997

---

①CBS News/New York Times Poll, Nov, 1997. Retrieved Apr-1-2012 from the iPOLL Databank, The Roper Center for Public Opinion Research, University of Connecticut. http://www.ropercenter.uconn.edu.proxy.library.emory.edu/data_access/ipoll/ipoll.html.

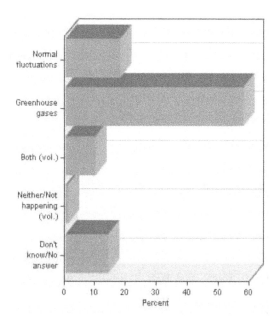

18% Normal fluctuations,

58% Greenhouse gases,

10% Both (Vol.),

1% Neither/Not happen-
　　ing (Vol.),

14% Don't know/No an-
　　swer.

13. Do you believe the theory that increased carbon dioxide and other gases released into the atmosphere will, if unchecked, lead to global warming and an increase in average temperatures?[1]

Harris Poll, Aug, 2000

---

[1]Harris Poll, Aug, 2000. Retrieved Apr-2-2012 from the iPOLL Databank, The Roper Center for Public Opinion Research, University of Connecticut. http://www.ropercenter.uconn.edu.proxy.library.emory.edu/data_access/ipoll/ipoll.html.

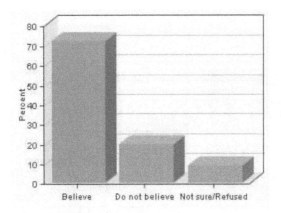

72% Believe,

20% Do not believe,

9%　Not sure/Refused.

14. Do you believe the theory that increased carbon dioxide and other gases released into the atmosphere will, if unchecked, lead to global warming and an increase in average temperatures?[1]

Harris Poll, Aug, 2001

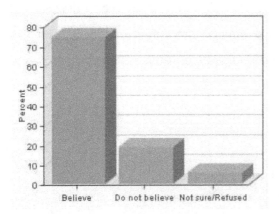

75% Believe,

19% Do not believe,

6%　Not sure/Refused.

---

①Harris Poll, Aug, 2001. Retrieved Apr-2-2012 from the iPOLL Databank, The Roper Center for Public Opinion Research, University of Connecticut.http://www.ropercenter.uconn. edu.proxy.library.emory.edu/data_access/ipoll/ipoll.html.

15. Do you believe the theory that increased carbon dioxide and other gases released into the atmosphere will, if unchecked, lead to global warming and an increase in average temperatures?[1]

Harris Poll, Sep, 2002

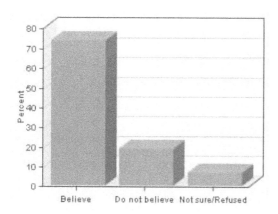

74% Believe,

19% Do not believe,

7%　Not sure/Refused.

16. Do you approve or disapprove of the tentative treaty (from the meeting that took place in Kyoto, Japan which discussed what should be done about global warming and so-called greenhouse gases) which would require industrialized countries to reduce their emissions of carbon dioxide and other gases to below the 1990 level of emissions?[2]

Harris Poll, Dec, 1997

---

[1]Harris Poll, Sep, 2002. Retrieved Apr-2-2012 from the iPOLL Databank, The Roper Center for Public Opinion Research, University of Connecticut. http://www.ropercenter.uconn.edu.proxy.library.emory.edu/data_access/ipoll/ipoll.html.

[2]Harris Poll, Dec, 1997. Retrieved Apr-1-2012 from the iPOLL Databank, The Roper Center for Public Opinion Research, University of Connecticut.http://www.ropercenter.uconn.edu.proxy.library.emory.edu/data_access/ipoll/ipoll.html.

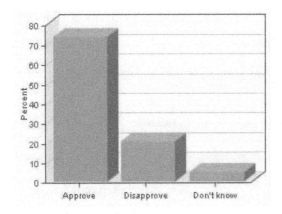

74% Approve,

21% Disapprove,

5% Don't know.

17. At the (World) conference (in Kyoto on the problem of global warming) there was a dispute about how much to reduce the emission of gases that produces global warming. The debate was about how much the industrialized countries should commit to reduce their emission by about the year 2010. Some wanted to see reductions to the level these countries were emitting in 1990. Others wanted to see reductions of 15% below the levels these countries were emitting in 1990. At the conference in Kyoto it was agreed that most industrialized countries would reduce their greenhouse gas emissions by 7%~8% below 1990 levels. Do you feel that the reductions this agreement calls for are too deep, not deep enough, or about right? (If don't know/refused, ask:) Which way would you say you lean?[1]

Attitudes on Transatlantic Issues Survey, Feb, 1998

---

[1]Attitudes on Transatlantic Issues Survey, Feb, 1998. Retrieved Apr-2-2012 from the iPOLL Databank, The Roper Center for Public Opinion Research, University of Connecticut. http://www.ropercenter.uconn.edu.proxy.library.emory.edu/data_access/ipoll/ipoll.html.

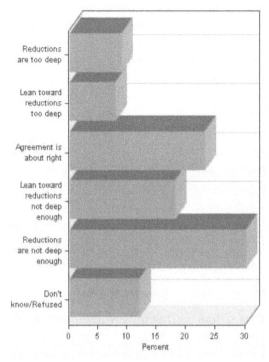

9% Reductions are too deep,

8% Lean toward reductions too deep,

23% Agreement is about right,

18% Lean toward reductions not deep enough,

30% Reductions are not deep enough,

12% Don't know/Refused.

18. Do you think that the agreement (from the meeting that took place in Kyoto, Japan which discussed what should be done about global warming and so-called greenhouse gases) to reduce emissions to below the 1990 level is too strict, about right, or not strict enough?[1]

Harris Poll, Dec, 1997

---

[1]Harris Poll, Dec, 1997. Retrieved Apr-2-2012 from the iPOLL Databank, The Roper Center for Public Opinion Research, University of Connecticut. http://www.ropercenter.uconn.edu.proxy.library.emory.edu/data_access/ipoll/ipoll.html.

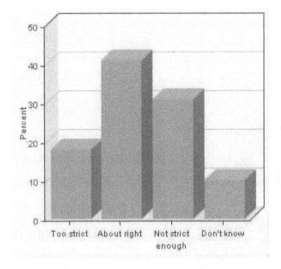

18% Too strict,

41% About right,

31% Not strict enough,

10% Don't know.

19. As you may know, an international agreement was reached to reduce the pollution that causes global warming. Now let me read you two statements, please tell me which comes closer to your own view, even if neither is exactly right. The US (United States) should take the lead to reduce global warming by cutting pollution from power plants, cars, and SUVs (Sport Utility Vehicles). The US already does enough to reduce global warming and has stronger environmental standards than nearly every other country.[1]

Post-Election Survey, Nov, 2000

---

[1]Post-Election Survey, Nov, 2000. Retrieved Apr-2-2012 from the iPOLL Databank, The Roper Center for Public Opinion Research, University of Connecticut. http://www.roper-center.uconn.edu.proxy.library.emory.edu/data_access/ipoll/ipoll.html.

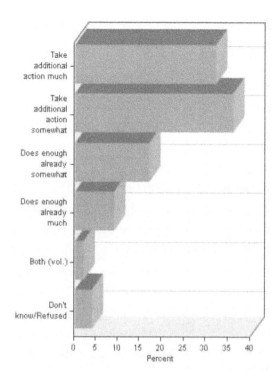

32% Take additional action much,

36% Take additional action somewhat,

17% Does enough already somewhat,

9% Does enough already much,

2% Both (Vol.),

4% Don't know/Refused.

20. As you may know, an international agreement was reached to reduce the pollution that causes global warming. Now let me read you two statements, please tell me which comes closer to your own view, even if neither is exactly right. The US (United States) should take the lead to reduce global warming by promoting cleaner technology and the development of cleaner energy sources. The US already does enough to reduce global warming and has stronger environmental standards than nearly every other country.[1]

Post-Election Survey, Nov, 2000

---

[1]Post-Election Survey, Nov, 2000. Retrieved Apr-2-2012 from the iPOLL Databank, The Roper Center for Public Opinion Research, University of Connecticut. http://www.ropercenter.uconn.edu.proxy.library.emory.edu/data_access/ipoll/ipoll.html.

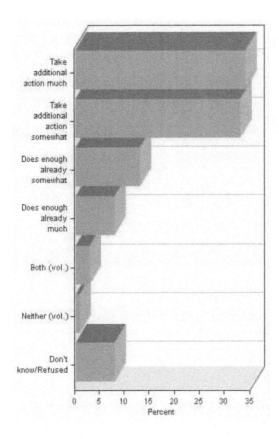

34% Take additional action
much,

33% Take additional action
somewhat,

13% Does enough already
somewhat,

8% Does enough already
much, Does enough
already much,

3% Both（Vol.），

1% Neither（Vol.），

8% Don't know/Refused.

21. Based on what you know, do you think the U. S. (United States) should or should not participate in the following treaties and agreements?...The Kyoto agreement to reduce global warming.[1]

Worldviews 2002 Survey, Jun, 2002

---

[1]Worldviews 2002 Survey, Jun, 2002. Retrieved Apr-2-2012 from the iPOLL Databank, The Roper Center for Public Opinion Research, University of Connecticut. http://www. ropercenter.uconn.edu.proxy.library.emory.edu/data_access/ipoll/ipoll.html.

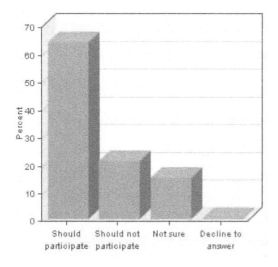

64% Should participate,

21% Should not participate,

15% Not sure,

0%　Decline to answer.

二、气候规范的国内挑战者进行的电视语言实践
（1997 年 1 月至 2002 年 12 月的晚间新闻报道）①

（一）气候变化

1. CNN Evening News for Monday, Aug 10, 1998

Headline：Weather / July Heat

Abstract：(Studio：Jeanne Meserve) Report introduced. No location given：Sharon Collins) The hottest month of last July featured; details given of the extreme weather and climate change. [Vice President Al GORE − calls it the hottest month period; says air pollution is thickening greenhouse gases.] [Competitive Enterprise Institution Fred SMITH − attacks Gore's politics.] The scientific view on climate change outlined.

2. ABC Evening News for Sunday, Sep 12, 1999

Headline：New York, New York / Encephalitis / Mosquitoes

Abstract：(Studio：Carole Simpson) Report introduced.

(New York：Jami Floyd) The spraying of Malathion across New York, New York, to kill mosquitoes due to the encephalitis outbreak featured. [New York City Mayor Rudolph GIULIANI − comments on the spraying.] [Harvard University Dr. Paul EPSTEIN − cites the global climate change that creates a setup for mosquitoes.] The spread of E. coli bacteria in Washington County, New York, mentioned. [NASA (National Aeronautics and Space Administration) climatologist Cynthia ROSENZWEIG − says the climate cannot be linked to disease at this time.]

---

①根据案例中的关键词分为四类：气候变化、全球变暖、京都议定书和气候大会，其中的顺序号和文中一致，以方便检索，即气候变化中的"1"便是第五章案例研究中的气候变化1。所有资料都摘自范德比尔特电视新闻档案。

3. NBC Evening News for Monday, Jun 03, 2002

Headline: In Depth (Bush / Global Warming Policy Change)

Abstract: (Studio: Tom Brokaw) Report introduced.

(Washington: Robert Hager) The release of a government report stating that global warming is largely a man-made problem reported; details given of possible benefits of global warming. [Boston's Margaret PICORNEY – says spring was very good.] [Pew Center on Climate Change Eileen CLAUSSEN – says President Bush is finally admitting that global warming will affect America greatly.] [Voice of radio show host Rush LIMBAUGH – criticizes Bush for his change of views.] [Harvard University Michael McELROY – compares Bush's current position on global warming to an alcoholic not ready to stop drinking.]

(二)全球变暖

1. CNN Evening News for Wednesday, Feb 05, 1997

Headline: Global Warming

Abstract: (Studio: Fionnuala Sweeney) The debate about global warming updated; scenes shown from the Antarctic ice shelf, which is cracking.

2. ABC Evening News for Wednesday, Oct 01, 1997

Headline: Weather / White House / Global Warming Treaty

Abstract: (Studio: Peter Jennings) Report introduced.

(White House: John Donvan) Talk of the weather at the White House featured; scenes shown of the gathering at the White House of 75 television weather forecasters. [President CLINTON – talks about greenhouse gas emissions.] [Forecaster Cecily TYNAN – says it's a public relations event.]

(Studio: Peter Jennings) Report introduced.

(Washington: Barry Serafin) A closer look at the politics about how to deal with the changes in the climate presented; details given of the standoff between business and trade groups opposed to the global warming treaty and environmental groups; sample television ads shown. [Political analyst Stuart ROTHENBERG – comments.] The pressure on Clinton from Congress, European nations and a group of 1500 scientists noted.

3. CNN Evening News for Friday, Oct 03, 1997

Headline: Global Warming / CNN

Abstract: (Studio: Judy Woodruff) Opponents of a global climate treaty said criticizing CNN for dropping commercials denouncing the treaty; details given.

4. CNN Evening News for Monday, Oct 06, 1997

Headline: Air Pollution / Carbon Emissions

Abstract: (Studio: Judy Woodruff) Report introduced.

(White House: Eileen O'Connor) The United States position on global warming and the emission of greenhouse gases featured; scenes shown of global warming protests. [At Georgetown University conference, President CLINTON – says the United States must commit to binding goals.] The positions of the opponents to an American commitment to curb carbon emissions outlined. [American Petroleum Institute, William O'KEEFE, Harvard University Dr. John HOLDREN– offer views on global warming.]

5. NBC Evening News for Tuesday, Oct 07, 1997

Headline: In Depth (Global Warming)

Abstract: (Studio: Tom Brokaw) Report introduced.

(Los Angeles: George Lewis) Disaster predictions from global warming featured; examples given of damage done already to glaciers; animated diagrams shown. [Harvard University John HOLDREN – calls for action.] The greenhouse effect explained. President Clinton's rallying of support for the International Global Treaty to reduce carbon dioxide emissions and the oil and auto industries' 13 million dollar ad campaign against it outlined.

(Studio: Tom Brokaw) The views of Hoover Institution conservative think tank member Thomas Moore presented in his own words. [MOORE – claims global warming is good for Americans.]

6. NBC Evening News for Monday, Dec 01, 1997

Headline: In Depth (Global Warming)

Abstract: (Studio: Tom Brokaw) The global warming conference in Japan outlined.

(Washington: Robert Hager) What global warming means for America, the world's biggest polluter, featured; details given of the warming of the Arctic and possible solutions; statistics cited. [NASA (National Aeronautics and Space Administration) David BRIAN, Natural Resources Defense Council Greg WETSTONE – talk about hard decisions that need to be made.] The question of whether developed or developing nations should begin making cutbacks raised.

(Studio: Tom Brokaw) The views of world global warming by authority MIT professor of Dr. Richard Lindzen presented in his own words. [LINDZEN – says there is no proof that man's destructive forces on the planet cause climate changes.]

7. ABC Evening News for Wednesday, Dec 10, 1997

Headline: Japan / Global Climate Treaty / Hagel Interview

Abstract: (Studio: Peter Jennings) Report introduced.

(Kyoto: Deborah Wang) The struggles at the Kyoto, Japan, conference on global warming to reach a treaty examined; details given of the US concessions to a global warming agreement. The differing views of the American business and environmental communities on the pact noted. [Global Climate Coalition Bill O'KEEFE – says the United States is surrendering our economic well being.] [Sierra Club Dan BECKER – comments.]

(Studio: Peter Jennings) Interview held with Senator Chuck Hagel about the agreement and whether it will get through Congress. [HAGEL – criticizes

President Clinton and Vice President Al Gore for making concessions and going back on their word.]

8. CNN Evening News for Thursday, Dec 11, 1997

Headline: Japan / Global Warming Conference

Abstract:(Studio: Hilary Bowker) The greenhouse gas reduction levels agreed to at the Kyoto summit on global warming cited.

(White House: Gene Randall) The question of whether the Kyoto protocol can win the support of the United States Senate and the American people examined. [Vice President Al GORE – calls for participation by developing nations.] [Senator Pat ROBERTS, Global Climate Coalition Fred PALMER, Natural Resources Defense Council Liz BARRATT-BROWN, President CLINTON– offer views on the agreement.]

(Studio:Judy Woodruff) Report introduced.

(Detroit: Ed Garsten) The impact of the global climate agreement would have on the auto industry examined; details given of the research on catalytic converters to filter emissions. [Ford Motor Company Haren GANDHI, industry SPOKESMAN – comment on the technology.] The problem of sulphur in gasoline used in the United States noted.

9. NBC Evening News for Thursday, Dec 11, 1997

Headline: In Depth (Global Warming)

Abstract:(Studio:Tom Brokaw) Report introduced.

(Washington: Robert Hager) What the treaty agreed to at the Global Warming Summit in Kyoto, Japan, to limit greenhouse gases will mean to Americans if it passes through Congress featured; details given as to how emission limits would affect out way of life. [Electric industry spokesman Robert BECK – says prices of gas, electricity and commodities will rise.] [Energy Secretary Federico PENA – comments.] (Studio:Tom Brokaw) The pollution threat posed by fast-selling sport utility vehicles (SUVs) in the city of Los Angeles examined; statistics given; details given of California's proposal to restrict SUV emissions.

10. CNN Evening News for Saturday, Dec 13, 1997

Headline: Global Warming / Costs

Abstract: (Studio: Jeanne Meserve) Senator Chuck Hagel's speech against the Global Warming Agreement featured. [HAGEL - tell how the agreement is a sham.]

(Miami: Robert Vito) How the costs of curbing the emission of greenhouse gases by power companies would be passed on the consumer outlined; Southern Company said the largest United States power company polluter. [Tampa Electric Mike MAHONEY, Southern Company Bob WOODALL - says they will raise prices.] [CONSUMERS - react.]

11. CBS Evening News for Thursday, Jan 13, 2000

Headline: Weather Watch (Northeast Snowstorm / Global Warming)

Abstract: (Studio: Dan Rather) The first significant snowfall in Boston in over 300 days reported.

(White House: John Roberts) Request from President Clinton to increase funding to control global warming reported. [White House Chief of Staff John PODESTA - says global warming is a major challenge.] [Environmental Defense Fund Michael OPPENHEIMER - says greenhouse gases must be reduced.] [Global Climate Coalition Glenn KELLY - comments.] [Texas Governor George W. BUSH - says to be careful about plans that put most of the pressure on the US.]

12. CBS Evening News for Wednesday, May 31, 2000

Headline: Eye On America (ExxonMobil / Global Warming)

Abstract: (Studio: Dan Rather) Report introduced.

(Dallas: Jim Axelrod) Complaints from stockholders that ExxonMobil denies global warming concerns reported; scenes shown of protests in Dallas. [ExxonMobil shareholder and activist Sister Pat DALY - says ExxonMobil has isolated itself; says global warming is happening.] [ExxonMobil CEO Lee RAYMOND - says the company will follow science.] [Harvard University Michael McELROY - explains what ExxonMobil says to customers.] [ExxonMobil Vice President Frank SPROW - says the situation is complicated.]

13. CBS Evening News for Wednesday, May 31, 2000

Headline: Global Warming / Polar Ice Cap

Abstract: (Studio: Antonio Mora) Report introduced.

(New York: Dan Harris) The melting of the polar ice cap at the North Pole featured; scenes shown of breaks in the ice cap. [Paleontologist Malcolm McKENNA, Lamont-Doherty Earth Observatory Douglas MARTINSON - say this is global warming.] [Science and Environment Policy Project professor Fred SINGER - downplays global warming.]

(Studio: Antonio Mora) Further coverage of global warming on the ABC News Website noted.

14. CBS Evening News for Wednesday, Mar 14, 2001

Headline: Bush / Environmental Regulations / Carbon Dioxide

Abstract: (Studio: Dan Rather) Report introduced.

(White House: John Roberts) Criticism of President Bush for an apparent change of position concerning the monitoring of carbon dioxide emissions at power plants reported. [Minority Leader Representative Richard GEPHARDT, Senator Hillary CLINTON - criticize Bush.] [BUSH - says he is responding to reality.] [Senator John KERRY - says Bush has reversed cabinet members' positions twice.] [Secretary of State Colin POWELL - announces the review of United States relations with North Korea.] [Former Reagan communications director Michael DEAVER - says the Bush White House is very disciplined.]

(Studio: Dan Rather) The discovery by British researchers of direct evidence of global warming reported.

15. ABC Evening News for Saturday, Mar 24, 2001

Headline: Bush / Environmental Policy

Abstract: (Studio: Aaron Brown) Call from the European Union for President Bush to recommit to reducing carbon dioxide emissions that contribute to global warming reported.

(Capitol Hill: Linda Douglass) The reaction to Bush's latest moves on the environment examined; details given of the issue of logging, arsenic in drinking water, mining, carbon dioxide emissions and drilling for oil in the Arctic Wildlife National Refuge. [Republican Representative Sherwood BOEHLERT – says Bush has done damage to the administration on the environment issue.] [Senators Charles SCHUMER, Barbara BOXER – criticize Bush for declaring war on the environment.] [EPA administrator Christie Todd WHITMAN – defends the administration.]

16. CBS Evening News for Thursday, Mar 29, 2001

Headline: Bush / Environmental Policy / World View

Abstract: (Studio: Dan Rather) President Bush's defense of his environmental policy reported. [BUSH – says the American economy is most important.] Statement from German Chancellor Gerhard Schroeder about his talks with Bush about the global warming treaty noted.

(London: Mark Phillips) The world anger against Bush's rejection of the Kyoto treaty on global warming examined; details given of the view that the US is to blame for creating greenhouse gas pollution. [British environmental minister Michael MEACHER, Friends of the Earth Roger HIGMAN, Australian environment minister Robert HILL – criticize Bush.]

17. CBS Evening News for Wednesday, Jun 06, 2001

Headline: Environment / Global Warming Report

Abstract: (Studio: Dan Rather) Report introduced.

(White House: John Roberts) The release of a new global warming report by the National Academy of Sciences reported; details given of the findings about greenhouse gases. [Natural Resources Defense Council David HAWKINS − says the science debate is over.] European criticism of President Bush for abandoning the Kyoto agreement to curb greenhouse gases noted. [President BUSH − says capping carbon dioxide gas makes no economic sense.] [National Security Advisor Condoleezza RICE − says the White House is taking the report seriously.]

NOTE: Local weather bulletin on screen.

18. CNN Evening News for Tuesday, Jun 12, 2001

Headline: Bush / Europe Trip / Death Penalty

Abstract: (Washington: Wolf Blitzer) Report introduced.

(Madrid, Spain: John King) President Bush's European trip featured; details given of the issue of global warming; scenes shown from Madrid, Spain, of protests. [BUSH − says the Kyoto treaty is unrealistic and would affect the United States economy negatively; says the anti−ballistic missile treaty is a relic of the past and the days of the Cold War have ended.] [Spanish Prime Minister Jose Maria AZNAR− (thru translator) comments.]

(Washington: Wolf Blitzer) European criticism of the United States on capital punishment. [BUSH − says the death penalty is the will of the people in the US.]

19. NBC Evening News for Thursday, Jun 14, 2001

Headline: Bush / Europe Visit / Sweden

Abstract: (Studio: Tom Brokaw) Report introduced.

(Gothenberg, Sweden: David Gregory) The visit by President Bush to Sweden as part of his first European tour reported; details given about his appearance at a European Union summit; scenes shown of protestors in Sweden. [National Environmental Trust Philip E. CLAPP — says global warming will not stop without an international agreement.] [BUSH — says the Kyoto treaty goals are unrealistic.] [Swedish Prime Minister Goran PERSSON — says the United States should have stuck with the Kyoto protocol.]

20. CBS Evening News for Thursday, Jun 14, 2001

Headline: Bush / Europe Visit / Sweden

Abstract: (Studio: Bob Schieffer) Report introduced.

(Gothenberg, Sweden: John Roberts) President Bush's visit to Sweden as part of his first European tour reported; details given about his appearance at the European Union summit; scenes shown of protestors in Sweden; details given of the issue of global warming and greenhouse gases. [BUSH — defends rejecting the Kyoto treaty.] [National Environmental Trust Phil CLAPP — says Bush is isolated.]

21. NBC Evening News for Saturday, Jul 21, 2001

Headline: Italy / Genoa / Demonstrations / G-8 Summit / Globalization

Abstract: (Studio: John Seigenthaler) Report introduced.

(Genoa: Campbell Brown) The second day of battles in Genoa, Italy, between police and anarchist protesters at the G-8 summit, which discussed world poverty and global warming, featured; scenes shown of the violence. [President BUSH — reacts to the violence; opposes the methodology of the Kyoto accord.]

(Studio: John Seigenthaler) Report introduced.

(Washington: John Palmer) The issue of globalization at the summit that prompts the protests examined; details given of the economics of trade for poorer and richer countries. [Duke University Michael HARDT, Economic Strategy Institution Clyde PRESTOWITZ, Heritage Foundation Gerald O'DRISCOLL — comment.]

(Studio:John Seigenthaler) Report introduced.

(Genoa:Jim Maceda) The mixed methods of protests in Genoa reviewed; scenes shown of violent and peaceful demonstrations. [Political analyst Helen MARGETTS — comments on the protestors.] [PROTESTOR — reacts to the police.] [Activist "BONO" — talks about the protests.]

22. ABC Evening News for Monday, Jul 23, 2001

Headline: Germany / Global Warming Treaty / US

Abstract: (Studio:Peter Jennings) Report introduced.

(New York:Bob Jamieson) The conference vote to keep the treaty on global warming alive despite the opposition from the United States featured; scenes shown from Bonn, Germany. [Natural Resources Defense Council David HAWKINS — says the United States stands alone as the world's "climate outlaw."][National security adviser Condoleezza RICE — opposes the Kyoto protocol.] The Bush administration's opposition to the Kyoto protocol outlined on screen. [Cato Institution Jerry TAYLOR — says there is not a lot of "bang for the buck" from the protocol.]

23. CBS Evening News for Wednesday, Feb 13, 2002

Headline: Global Warming / Bush Plan

Abstract: (Studio:Dan Rather) The proposals in President Bush's alternative plan for global warming outlined on screen.

24. CNN Evening News for Wednesday, Feb 13, 2002

Headline: Global Warming / Bush Plan

Abstract: (Studio:Aaron Brown) Report introduced.

(White House:Kelly Wallace) President Bush's alternative plan for global warming since he has rejected the Kyoto agreement accepted by most other nations featured; details given of the mostly voluntary proposals and a call for a reduction in the intensity of greenhouse gas emissions.

25. ABC Evening News for Thursday, Feb 14, 2002

Headline: Global Warming / Bush Proposals

Abstract: (Studio: Peter Jennings) Report introduced.

(White House: Terry Moran) President Bush's proposals on global warming reviewed; details given of the planned voluntary system to reduce greenhouse gases and the criticism by environmentalists and former Vice President Al Gore.

26. CNN Evening News for Thursday, Feb 14, 2002

Headline: Global Warming / Bush Plan

Abstract: (Studio: Aaron Brown) President Bush's unveiling of his Clear Skies Initiative for global warming reported.

27. ABC Evening News for Monday, Jun 03, 2002

Headline: Global Warming / Bush

Abstract: (Studio: Peter Jennings; White House: Terry Moran) President Bush's administration's annual warning to the UN about global warming that recognizes man's contributions discussed; details given of two proposals.

28. NBC Evening News for Tuesday, Jun 04, 2002

Headline: Environment / Bush / Global Warming Policy

Abstract: (Studio: Tom Brokaw) Report introduced.

(White House: David Gregory) A second change in President Bush's views on global warming and his continuing opposition to the Kyoto emissions reduction treaty.

(三)京都议定书

1. NBC Evening News for Sunday, Jun 10, 2001

Headline: Bush / Europe Trip

Abstract: (Studio: John Seigenthaler) Report introduced.

(White House: Campbell Brown) President Bush's trip to Europe previewed; map shown of his route; details given of the issues of environment and global warming in light of Bush's decision to abandon the Kyoto Protocol to reduce emissions and of the missile defense system. [National security adviser Condoleezza RICE – says the problem deserves serious attention.] [Friday, BUSH – talks about rogue nations with missiles.] Europe's concerns that a missile defense system would set off an arms race with China and Bush's meeting with Russian President Vladimir Putin outlined. [University of Cambridge George JOFFE – says Europe is the front line for any missile attack.]

2. CNN Evening News for Monday, Jun 11, 2001

Headline: Bush / Europe Trip / Global Warming

Abstract: (Washington: Wolf Blitzer) Report introduced.

(White House: Kelly Wallace) Promises from President Bush about global warming on the eve of his first trip to Europe featured. [BUSH – says the administration is committed to a leadership role on climate change; points out that China is not covered by the Kyoto protocol.] [Sierra Club Daniel BECKER – says the president is delaying action.] [Council on Foreign Relations Charles KUPCHAN – says Europe will be upset.] The European view that mandatory emissions controls are the only answer noted and what Bush hopes to accomplish on his trip discussed.

三、美国退出《京都议定书》的选择与国内公众的反应

（1997年1月至2002年12月的民意调查结果）

1. Do you think it is necessary to take steps to counter the effects of global warming right away, or isn't it necessary to take steps yet?[①]

CBS News/New York Times Poll, Nov, 1997

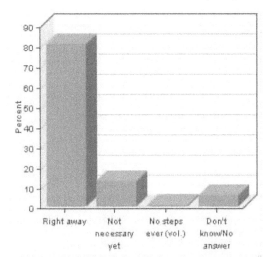

81% Right away,

13% Not necessary yet,

1%　No steps ever（Vol.），

6%　Don't Know/No answers.

2. Have you seen any television ads by groups opposing a new international treaty on global warming?（If yes, ask:）Has your opinion changed as a result of the ads?（If changed, ask:）Are you more likely to be in favor of the treaty or against the treaty?[②]

CBS News/New York Times Poll, Nov, 1997

---

①②CBS News/New York Times Poll, Nov, 1997. Retrieved Mar-30-2012 from the iPOLL Databank, The Roper Center for Public Opinion Research, University of Connecticut. http://www.ropercenter.uconn.edu.proxy.library.emory.edu/data_access/ipoll/ipoll.html.

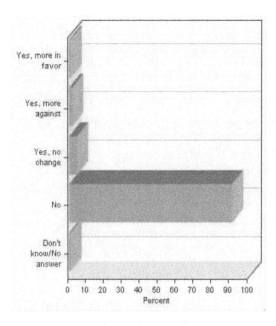

1% Yes, more in favor,

2% Yes, more against,

5% Yes, no change,

91% No,

1% Don't know/No answer.

3. President (George W.) Bush has announced that the United States will not join the proposed Kyoto Treaty on global warming. Do you think that the United States should join the treaty, should not to join the treaty, or do you not know enough to say?[①]

NBC News/Wall Street Journal Poll, Jun, 2001

[①]NBC News/Wall Street Journal Poll, Jun, 2001. Retrieved Mar-29-2012 from the iP-OLL Databank, The Roper Center for Public Opinion Research, University of Connecticut. http://www.ropercenter.uconn.edu.proxy.library.emory.edu/data_access/ipoll/ipoll.html.

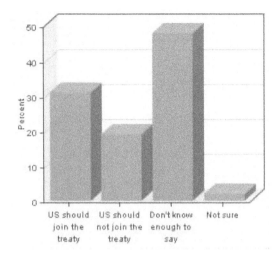

31% US should join the
    treaty,
19% US should not join the
    treaty,
48% Don't know enough to
    say,
2% Not sure.

4. As you may know, George W. Bush has decided that the US (United States) should withdraw its support from the global warming agreement adopted in Kyoto, Japan in 1997. Do you approve or disapprove of this decision?[1]

Gallup Poll, Jul, 2001

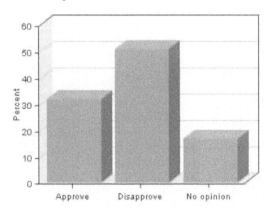

32% Approve,
51% Disapprove,
17% No opinion.

---

[1]Gallup Poll, Jul, 2001. Retrieved Mar-29-2012 from the iPOLL Databank, The Roper Center for Public Opinion Research, University of Connecticut. http://www.ropercenter.uconn.edu.proxy.library.emory.edu/data_access/ipoll/ipoll.html.

5. I am now going to read you a statement people have made about the Kyoto Treaty, an international agreement to stop global warming. Please tell me whether you agree or disagree. The statement is...the Kyoto Treaty will hurt the economy and cost jobs while doing little to reduce global warming. Strongly agree, somewhat agree, somewhat disagree, or strongly disagree.[①]

Wirthlin Quorum Poll, Oct, 2000

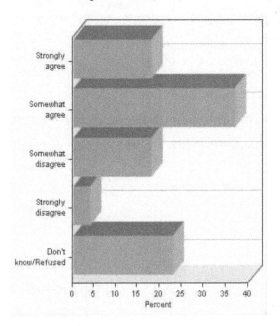

18% Strongly agree,

37% Somewhat agree,

18% Somewhat disagree,

4% Strongly disagree,

23% Don't know/Refused.

---

① Wirthlin Quorum Poll, Oct, 2000. Retrieved Mar-30-2012 from the iPOLL Databank, The Roper Center for Public Opinion Research, University of Connecticut. http://www.ropercenter.uconn.edu.proxy.library.emory.edu/data_access/ipoll/ipoll.html.

6. (Would you personally be willing to support tough government actions to help reduce global warming even if each of the following things happened as a result or wouldn't you be willing to do so?)... Unemployment increased[①].

Time/CNN/Harris Interactive Poll, Mar, 2001

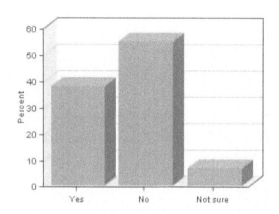

38% Yes,

55% No,

7% Not sure.

7. Would you personally be willing to support tough government actions to help reduce global warming even if each of the following things happened as a result or wouldn't you be willing to do so?...Your utility bills went up[②].

Time/CNN/Harris Interactive Poll, Mar, 2001

①②Time/CNN/Harris Interactive Poll, Mar, 2001. Retrieved Apr-2-2012 from the iP-OLL Databank, The Roper Center for Public Opinion Research, University of Connecticut. http://www.ropercenter.uconn.edu.proxy.library.emory.edu/data_access/ipoll/ipoll.html.

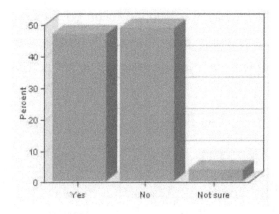

47% Yes,

49% No,

4%　Not sure.

8. (Would you personally be willing to support tough government actions to help reduce global warming even if each of the following things happened as a result or wouldn't you be willing to do so?)... There was a mild increase in inflation[1].

Time/CNN/Harris Interactive Poll, Mar, 2001

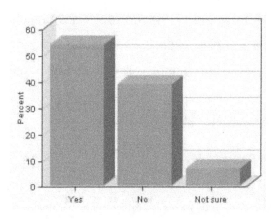

54% Yes,

39% No,

7%　Not sure.

---

①Time/CNN/Harris Interactive Poll, Mar, 2001. Retrieved Apr-2-2012 from the iP-OLL Databank, The Roper Center for Public Opinion Research, University of Connecticut. http://www.ropercenter.uconn.edu.proxy.library.emory.edu/data_access/ipoll/ipoll.html.

9. (How do you rate the Bush administration's handling of the following problems?) Would you say the administration's handling of... global warming has been excellent, good, fair, or poor?①

Worldviews 2002 Survey, Jun, 2002

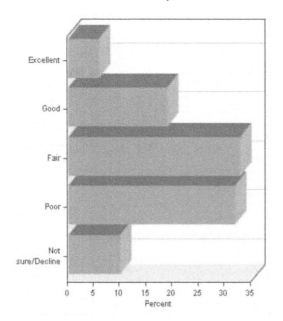

6% Excellent,

19% Good,

33% Fair,

32% Poor,

10% Not sure/Decline.

10. What grade from A to F would you give the (Clinton) Administration for dealing with climate change or global warming, where A is excellent, B is good, C is only fair, D is poor, and F is failure?②

America Speaks Out On Energy Survey, Sep, 1998

---

①Worldviews 2002 Survey, Jun, 2002. Retrieved Mar-30-2012 from the iPOLL Databank, The Roper Center for Public Opinion Research, University of Connecticut. http://www.ropercenter.uconn.edu.proxy.library.emory.edu/data_access/ipoll/ipoll.html.

②America Speaks Out On Energy Survey, Sep, 1998. Retrieved Apr-2-2012 from the iPOLL Databank, The Roper Center for Public Opinion Research, University of Connecticut. http://www.ropercenter.uconn.edu.proxy.library.emory.edu/data_access/ipoll/ipoll.html.

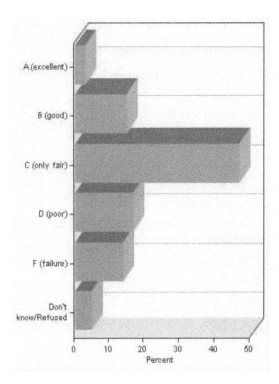

3%   A(excellent),

15% B(good),

47% C(only fair),

17% D(poor),

14% F(failure),

5%   Don't know/Refused.

四、近期美国公众对气候问题和气候规范的认识与态度

1. Do you think that global warming will pose a serious threat to you or your way of life in your lifetime?[①]

Gallup Poll, Mar, 2012

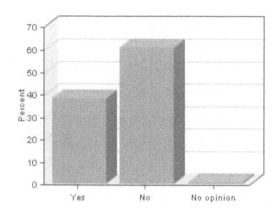

38% Yes,

61% No,

1% No opinion.

2. (Next, I'd like you to think about the weather in your local area this winter season (2011–2012) compared to past winters.)…Do you think temperatures are warmer (this winter compared to past winters) mainly due to —— global warming or to normal year-to-year variation in temperatures?[②]

Gallup Poll, Mar, 2012

①②Gallup Poll, Mar, 2012. Retrieved Apr-4-2012 from the iPOLL Databank, The Roper Center for Public Opinion Research, University of Connecticut. http://www.ropercenter.uconn.edu.proxy.library.emory.edu/data_access/ipoll/ipoll.html.

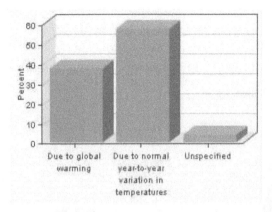

38% Due to global warming,

58% Due to normal year-to-year variation in temperatures,

4%   Unspecified.

3. With which one of these statements about the environment and the economy do you most agree — protection of the environment should be given priority, even at the risk of curbing economic growth or economic growth should be given priority, even if the environment suffers to some extent?[1]

Gallup Poll, Mar, 2011

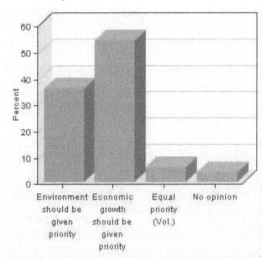

36% Environment should be given priority,

54% Economic growth should be given priority,

6%   Equal priority (Vol.),

4%   No opinion.

----

①Gallup Poll, Mar, 2011. Retrieved Apr-4-2012 from the iPOLL Databank, The Roper Center for Public Opinion Research, University of Connecticut. http://www.ropercenter.uconn.edu.proxy.library.emory.edu/data_access/ipoll/ipoll.html.

4. With which one of these statements about the environment and the economy do you most agree —— protection of the environment should be given priority, even at the risk of curbing economic growth or economic growth should be given priority, even if the environment suffers to some extent?[①]

Gallup Poll, Mar, 2010

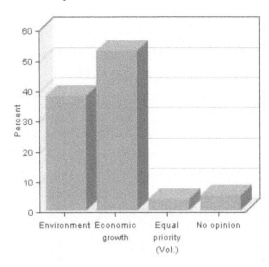

38% Environment,

53% Economic growth,

4% Equal priority (Vol.),

5% No opinion.

5. With which one of these statements about the environment and the economy do you most agree — protection of the environment should be given priority, even at the risk of curbing economic growth or economic growth should be given priority, even if the environment suffers

①Gallup Poll, Mar, 2010. Retrieved Apr-4-2012 from the iPOLL Databank, The Roper Center for Public Opinion Research, University of Connecticut. http://www.ropercenter.uconn.edu.proxy.library.emory.edu/data_access/ipoll/ipoll.html.

to some extent?[①]

Gallup Poll, Mar, 2009

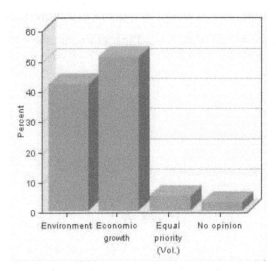

42% Environment,

51% Economic growth,

5% Equal priority(Vol.),

3% No opinion.

6. With which one of these statements about the environment and the economy do you most agree — protection of the environment should be given priority, even at the risk of curbing economic growth or economic growth should be given priority, even if the environment suffers to some extent?[②]

Gallup Poll, Mar, 2008

---

①Gallup Poll, Mar, 2009. Retrieved Apr-4-2012 from the iPOLL Databank, The Roper Center for Public Opinion Research, University of Connecticut. http://www.ropercenter.uconn.edu.proxy.library.emory.edu/data_access/ipoll/ipoll.html.

②Gallup Poll, Mar, 2008. Retrieved Apr-4-2012 from the iPOLL Databank, The Roper Center for Public Opinion Research, University of Connecticut. http://www.ropercenter.uconn.edu.proxy.library.emory.edu/data_access/ipoll/ipoll.html.

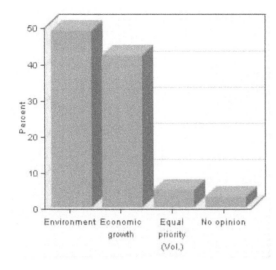

49% Environment,

42% Economic growth,

5%　Equal priority（Vol.），

3%　No opinion.

7. Thinking about the issue of global warming, sometimes called the "greenhouse effect", how well do you feel you understand this issue — would you say very well, fairly well, not very well, or not at all?[1]

Gallup Poll, Mar, 2001

---

[1]Gallup Poll, Mar, 2001. Retrieved Apr−7−2012 from the iPOLL Databank, The Roper Center for Public Opinion Research, University of Connecticut. http://www.ropercenter. uconn.edu.proxy.library.emory.edu/data_access/ipoll/ipoll.html.

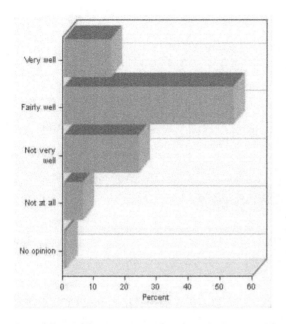

15% Very Well,

54% Fairly Well,

24% Not very well,

6% Not at all,

1% No opinion.

参考文献

一、中文资料

(一)著作(含译著)

1. [英]安东尼·吉登斯:《社会的构成:结构化理论大纲》,李康等译,北京:生活·读书·新知三联书店,1998年。

2. [美]彼得·卡赞斯坦、罗伯特·基欧汉、斯蒂芬·克拉斯纳编:《世界政治理论的探索与争鸣》,秦亚青、苏长和、门洪华、魏玲译,上海:上海人民出版社,2006年。

3. 程青松编著:《国外后现代电影》,江苏:江苏美术出版社,2000年。

4. 黄光国:《儒家关系主义:文化反思和典范重构》,北京:北京大学出版社,2006年。

5. [美]肯尼思·华尔兹:《国际政治理论》,信强译,上海:上海人民出版社,2008年。

6. 刘放桐等编著:《新编现代西方哲学》,北京:人民出版社,2000年。

7. [美]罗伯特·杰维斯:《国际政治中的知觉与错误知觉》,秦亚青译,北京:世界知识出版社,2003年。

8. [美]罗伯特·杰维斯:《系统效应:政治与社会生活中的复杂性》,李少军、杨少华、官志雄译,上海:上海人民出版社,2008年。

9. [美]迈克尔·巴尼特、玛莎·芬尼莫尔:《为世界定规则:全球政治中的国际组织》,薄燕译,上海:上海人民出版社,2009年。

10.［美］曼瑟尔·奥尔森：《集体行动的逻辑》，陈郁、郭宇峰、李崇新译，上海：世纪出版集团，2010年。

11.［法］皮埃尔·布迪厄等：《实践与反思：反思社会学导引》，李猛等译，北京：中央编译出版社，1998年。

12.［美］西德尼·塔罗：《运动中的力量：社会运动与斗争政治》，吴庆宏译，江苏：译林出版社，2005年。

13.赵鼎新：《社会与政治运动讲义》，北京：社会科学文献出版社，2006年。

（二）期刊文章

1.［美］巴拉克·奥巴马：《奥巴马对新能源未来的另类憧憬》，《资源与人居环境》2008年第12期。

2.薄燕：《双层次博弈理论：内在逻辑及其评价》，《现代国际关系》2003年第6期。

3.董勤：《安全利益对美国气候变化外交政策的影响分析——以对美国拒绝〈京都议定书〉的原因分析为视角》，《国外理论动态》2009年第10期。

4.胡宗山：《西方国际关系理论中的理性主义论析》，《现代国际关系》2003年第10期。

5.江怡：《从〈逻辑哲学论〉看西方哲学的实践转向》，《哲学动态》2011年第1期。

6.刘林：《维特根斯坦"语言游戏"的实践哲学转向》，《外语学刊》2009年第4期。

7.刘龙根：《论"实践转向"的意义及其对语言问题研究的启迪》，《学术交流》2004年第11期。

8.刘鹏：《科学哲学：从"社会学转向"到"实践转向"》，《哲学动态》2008年第2期。

9.刘永涛：《语言、社会建构和国际关系》，《现代国际关系》2004年第11期。

10. 柳思思:《从规范进化到规范退化》,《当代亚太》2010年第3期。

11. 吕俊彪、周大鸣:《实践、权力与文化的多样性阐释——人类学的后现代主义转向反思》,《广西民族大学学报(哲学社会科学版)》2009年第4期。

12. 孟强:《当代社会理论的实践转向:起源、问题与出路》,《浙江社会科学》2010年第10期。

13. 聂文娟:《现代语言建构主义及"实践性"的缺失》,《国际政治研究》2010年第4期。

14. 秦亚青:《层次分析法与国际关系研究》,《欧洲》1998年第3期。

15. 秦亚青:《关系本位与过程建构:将中国理念植入国际关系理论》,《中国社会科学》2009年第3期。

16. 全球变化与经济发展项目课题组:《美国温室气体减排新方案及其影响》,《世界经济与政治》2002年第8期。

17. 孙吉胜:《话语、身份与对外政策——语言与国际关系的后结构主义》,《国际政治研究》2008年第3期。

18. 涂瑞和:《〈联合国气候变化框架公约〉与〈京都议定书〉及其谈判进程》,《环境保护》2005年第3期。

19. 谢婷婷:《行为体策略与规范传播——以美国退出〈京都议定书〉为例》,《当代亚太》2011年第6期。

20. 徐进:《战争法规范演变的动力》,《国际政治科学》2008年第1期。

21. 余建军:《美国奥巴马政府气候变化政策及对我国的启示》,《国际观察》2011年第6期。

22. 朱立群、聂文娟:《国际关系理论研究的实践转向》,《世界经济与政治》2010年第8期。

(三)学位论文

1. 薄燕:《国际谈判与国内政治:对美国与〈京都议定书〉的双层博弈分析》,复旦大学博士学位论文,2003年。

2. 陈刚:《集体行动逻辑与国际合作》,外交学院博士学位论文, 2006年。

3. 黄超:《说服战略与国际规范传播:以地雷规范与小武器规范为例》, 外交学院博士学位论文,2006年。

4. 周方银:《国际规范的演化》,清华大学博士学位论文,2006年。

二、英文资料

(一)专著

1. Alinsky, Saul D., *Rules for Radicals : A Pragmatic Primer for Realistic Radicals*, New York : Random House, 1971.

2. Anderson, Alan R., and Philip Kotler, *Strategic Marketing for Nonprofit Organizations*, six edition, Upper Saddle River, NJ : Prentice-Hall, 2003.

3. Anderson, Alan R., *Social Marketing in the 21ˢᵗ Century*, Thousand Oaks, CA : Sage Publications, 2006.

4. Apter, David, Louis Wolf Goodman, eds., *The Multinational Corporation and Social Change*, New York : Praeger, 1976.

5. Ariga, Nagao, *The Japanese Red Cross Society and Russo-Japanese War*, London, 1907.

6. Baumgartner, Frank R., Beth L. Leech, *Basic Interests : The Importance of Groups in Politics and in Political Science*, Princeton, NJ : Princeton University Press, 1998.

7. Bob, Clifford, *The Marketing of Rebellion : Insurgents, Media, and International Activism*, New York : Cambridge University Press, 2005.

8. Brown, James A., *Techniques of Persuasion : From Propaganda to Brainwashing*, London : Cox& Wyman, 1963.

9. Bruce, James P., Hoesung Lee, and Erik F. Haites, eds., *Climate Change 1995 : Economic and Social Dimensions*, Cambridge : Cambridge Univer-

sity Press, 1996.

10. Burke, Kenneth, *Language as Symbolic Action*, Berkeley, CA: University of California Press, 1966.

11. Cass, Loren R., *The Failures of American and European Climate Policy*: *International Norms*, *Domestic Politics and Unachievable Commitments*, New York: State University of New York Press, 2006.

12. Dawkins, Richard, *The selfish Gene*, MA: Oxford University Press, 2006.

13. Diamond, Jared, *Guns*, *Germs*, *and Steel*: *The Fates of Human Societies*, New York: W. Norton& Company, 1999.

14. DiMaggio, Paul J., and Walter W. Powell, ed., *The New Institutionalism in Organizational Analysis*, Chicago: University of Chicago Press, 1991.

15. Ellul, Jacques, *Propaganda*: *The Formation of Men's Attitudes*, New York: Alfred A. Knopf, 1965.

16. Energy Information Administration, *Annual Energy Review 1996*, Washington, DC: Energy Information Administration, 1997.

17. Energy Information Administration, *Emissions of Greenhouse Gases in the United States 1996*, Washington, DC: Energy Information Administration, 1997.

18. Finnemore, Martha, *National Interests in International Society*, Ithaca, NY: Cornell University Press, 1993.

19. George, Alexander, and Andrew Bennett, *Cases Studies and Theory Development in the Social Science*, MA: MIT Press, 2005.

20. Giddens, Anthony, *The Constitution of Society*, Cambridge, UK: Polity Press, 1984.

21. Gowa, Joanne S., *Ballots and Bullets*: *The Elusive Democratic Peace*, Princeton, NJ: Princeton University Press, 1999.

22. Gregory, Sam, Gillian Caldwell, Ronit Avni, and Thomas Harding,

eds., *Video for Change: A Guide for Advocacy and Activism*, London: Pluto Press, 2005.

23. Hall, Edward T., *Beyond Culture*, New York: Anchor/ Doubleday, 1971.

24. Hampson, Fen Osler, and Judith Reppy, eds., *Earthly Goods: Environmental Changes and Social Justice*, Ithaca, NY: Cornell University Press, 1996.

25. Harris, Paul G., ed., *Climate Change and American Foreign Policy*, New York: St. Martin's Press, 2000.

26. Hata, Ikuhiko, "From Consideration to Contempt: The Changing Nature of Japanese Military and Popular Perceptions of Prisoners of War through the Ages," in *Prisoners of War and Their Captors in World War* Ⅱ, ed. Bob Moore and Kent Fedorowich, Oxford, 1996.

27. Hertel, Shareen, *Unexpected Power: Conflict and Change Among Transnational Activists*, Ithaca, NY: Cornell University Press, 2006.

28. Hugill, Peter J. and D. Bruce Dickson, eds., *The Transfer and Transformation of Ideas and Material Culture*, College Station, TX: Texas A & M University Press, 1988.

29. Huntington, Samuel P., *American Politics: The Promise of Disharmony*, Cambridge, MA: Belknap Press of Harvard University, 1983.

30. Katzenstein, Peter J., *Cultural Norms and National Security: Police and Military in Postwar Japan*, Ithaca, NY: Cornell University Press, 1996.

31. Katzenstein, Peter J., eds. *The Culture of National Security: Norms and Identity in World Politics*, New York: Columbia University Press, 1996.

32. Keohane, Robert O., *International Institutions and State Power: Essays In International Relations Theory*, Boulder, CO: Westview Press, 1989.

33. Key, Valdimer Orlando, *The Responsible Electorate*, Cambridge, MA: Harvard University Press, 1966.

34. Klotz, Audie, *Norms in International Relations: The Struggle Against*

Apartheid, Ithaca, NY: Cornell University Press, 1995.

35. Kolb, Felix, *Protest and Opportunities: The Political Outcomes of Social Movements*, Chicago, IL: University of Chicago Press, 2007.

36. Kotler, Philip, Ned Roberto, and Nancy Lee, *Social Marketing: Improving the Quality of Life*, Thousand Oaks, CA: Sage, 2002.

37. Lacy, Mark J., *Security and Climate Change: international relations and the limits of Realism*, New York: Routledge, 2005.

38. Latour, Bruno, *We Have Never Been Modern*, translated by Catherine Porter, Cambridge, MA.: Harvard University Press, 1993.

39. Lipson, Charles, *Reliable Partners: How Democracies Have Made a Separate Peace*, Princeton, NJ: Princeton University Press, 2003.

40. Machiavelli, Niccolò, *The Prince*, Translated by W. K. Marriott. New York: Alfred A. Knopf, 1992.

41. Manheim, Jarol B., *Biz-War and the Out-of-Power Elite: The Progressive Attack on the Corporation*, Mahwah, NJ: Lawrence Erlbaum Associates, 2004.

42. Marlin, Randal, *Propaganda and the Ethics of Persuasion*, Peterborough, Ontario, Canada: Broadview Press, 2002.

43. McAdam, Doug, John D. McCarthy, and Mayer Zald, *Comparative Perspectives on Social Movements*, Cambridge, UK: Cambridge University Press, 1996.

44. McCaul, Ethel, *Under the Care of the Japanese War Office*, London, 1904.

45. Mills, C. Wright, *The Power Elite*, New York: Oxford University Press, 1956.

46. National Research Council, *Reconciling Observations of Global Temperature Change*, Washington, DC: National Research Council, 2000.

47. Nimmo, Dan, and Keith R. Sanders, eds., *Handbook of Political Communication*, Beverly Hills, CA: Sage, 1981.

48. Odingo, Richard Samson etc. eds., *Equity and Social Considerations Related to Climate Change*, Nairobi: ICIPE Science Press, 1994.

49. Page, Benjamin I., and Robert Y. Shapiro, *The Rational Public: Fifty Years of Trends in Americans' Policy Preferences*, Chicago, IL: University of Chicago Press, 1991.

50. Peahlke, Robert, *Environmentalism and the Future of Progressive Politics*, London: Yale University Press, 1989.

51. Pikering, Andrew, The *Mangle of Practice: Time, Agency and Science*, Chicago, IL: The University of Chicago Press, 1995.

52. Polanyi, Michael, *Knowing and being: Essays by Michael Polanyi*, London: Routledge & K. Paul, 1969.

53. Polanyi, Michael, *Personal Knowledge: Towards a Post-critical Philosophy*, Chicago, IL: University of Chicago Press, 1958.

54. Popkin, Samuel, *The Reasoning Voter: Communication and Persuasion in Presidential Campaigns*, Chicago, IL: University of Chicago Press, 1991.

55. Risse, Thomas, Stephen C. Ropp, and Kathryn Sikkink, eds., *The Power of Human Rights: International Norms and Domestic Change*, Cambridge, UK: Cambridge University Press, 1999.

56. Risse-Kappen, Thomas, *Brining Transnational Relations Back In: Non-State Actors, Domestic Structures, and International Institutions*, Cambridge, UK: Cambridge University Press, 1995.

57. Rouse, Joseph, *Engaging Science*, Ithaca and London: Cornell University Press, 1996.

58. Ryan, Charlotte, *Prime Time Activism: Media Strategies for Grassroots Organizing*, Boston: South End Press, 1991.

59. Salzman, Jason, *Making the News: A Guide for Activists and Nonprofits*, Boulder, CO: Westview Press, 2003.

60. Schelling, Thomas C., *The Strategy of Conflict*, New York: Galaxy Books, 1963.

61. Shapin, Steve, Simon Schaffer, *Leviathan and the Air-Pump*, Princeton, NJ: Princeton University Press, 1985.

62. Smith, Rogers M., *Civic Ideals: Conflicting Visions of Citizenship in U. S. History*, New Haven, CT: Yale University Press, 1997, P. 36.

63. Soysal, Yasemin N., *Limits of Citizenship: Migrants and Postnational Membership in Europe*, Chicago, IL: University of Chicago Press, 1994.

64. Staggenborg, Suzanne, *Social Movements*, Oxford, UK: Oxford University Press, 2008.

65. Tarrow, Sidney G., *The New Transnational Activism*, New York: Cambridge University Press, 2005.

66. Tilly, Charles, *Social Movements, 1768-2004*, Boulder, CO, and London: Paradigm Publishers, 2004.

67. Tocqueville, Alexis de, *Democracy in America*, edited by J. P. Mayer, translated by George Lawrence, Garden City, UT: Doubleday Anchor, 1969.

68. Turner, Stephen, and Paul Rothed., *The Blackwell Guide to Philosophy of the Social Sciences*, Oxford: Blackwell. 2003.

69. Turner, Stephen, *The Social Theory of Practices*, Chicago, IL: The University Chicago Press, 1994.

70. Weart, Spencer, *The Discovery of Global Warming*, Cambridge, MA: Harvard University Press, 2003.

(二)期刊文章

1. Acharya, Amitav, "How Ideas Spread: Whose Norms Matter? Norm Localization and Institutional Change in Asia Regionalism", *International Organi-*

zation, Vol. 58, No. 12, Spring, 2004, pp. 239–275.

2. Aldrich, John H., John L. Sullivan, and Eugene Borgida, "Foreign Affairs and Issue Voting: Do Presidential Candidates 'Waltz Before a Blind Audience?'", *American Political Science Review*, 83(1), 1989, pp. 123–141.

3. Baum, Matthew A., "Going Private: Public Opinion, Presidential Rhetoric, and the Domestic Politics of Audience Costs in U.S. Foreign Policy Crises", *Journal of Conflict Resolution*, 48(5), 2004, pp. 603–631.

4. Broz, Lawrence J., "Political System Transparency and Monetary Commitment Regimes", *International Organization*, 56(4), 2002, pp. 861–887.

5. Checkel, Jeffrey T., "Norms, Institutions and National Identity in Contemporary Europe", *International Studies Quarterly*, Vol. 43, 1999, pp. 83–114.

6. Checkel, Jeffrey, "Why Comply? Social Learning and European Identity Change", *International Organization*, Vol. 55 (3), 2001, pp. 553–588.

7. Cortell, Andrew P., and James W. Davis, Jr., "How Do International Institutions Matter? The Domestic Impact of International Rules and Norms", *International Studies Quarterly*, Vol. 40 (4), 1996, pp.451–478.

8. Cushman, John H., Jr., "U.S. Greenhouse Gas Release at Highest Rates in Years", *New York Times*, 21, October, 1997.

9. Cushman, John H., Jr., "Washington Targets Global Warming", *International Herald Tribune*, 18 July 1996, p. 10.

10. Desch, Michael C., "Democracy and Victory: Why Regime Type Hardly Matters", *International Security*, 27(2), 2002, pp. 5–47.

11. Dorussen, Han, and Mo Jongryn, "Ending Economic Sanctions: Audience Costs and Rent-seeking as Commitment Strategies", *Journal of Conflict Resolution*, 45(4), 2001, pp. 395–426.

12. Edwards, George C. Jr., "Aligning Tests with Theory: Presidential Approval as a Source of Influence in Congress", *Congress & the Presidency*, 23

(2),1997,pp. 113-130.

13. Farrell, Theo, "Transnational Norms and Military Development: Constructing Ireland's Professional Army", *European Journal of International Relations*, Vol. 7 (1), 2001, pp. 63-102.

14. Fearon, James D., "Domestic Political Audiences and the Escalation of International Disputes", *American Political Science Review*, 88 (3), 1994, pp. 577-592.

15. Finnemore, Martha, "International Organizations as Teachers of Norms: The United Nations Educational, Scientific and Cultural Organization and Science Policy", *International Organization*, Vol. 47, Autumn, 1993, pp. 565-598.

16. Finnemore, Martha, and Kathryn Sikkink, "International Norm Dynamics and Political Change", *International Organization*, Vol. 52 (4), 1998, p. 914.

17. Florini, Ann, "The Evolution of International Norms", *International Studies Quarterly*, Vol. 40, September, 1996, pp. 363-390.

18. Gaubatz, Kurt Taylor, "Democratic States and Commitment in International Relations", *International Organization*, 50(1), 1996, pp. 109-139.

19. Gelpi, Christopher F., Jason Reifler, and Peter Feaver, "Iraq the Vote: Retrospective and Prospective Foreign Policy Judgments on Candidate Choice and Casualty Tolerance", *Political Behavior*, 29(2), 2007, pp. 151-174.

20. Guisinger, Alexandra, and Smith Alastair, "Honest Threats: The Interaction of Reputation and Political Institutions in International Crises", *Journal of Politics*, 65(36), 2002, pp. 175-200.

21. Gurowitz, Amy, "Mobilizing International Norms: Domestic Actors, Immigrants, and the Japanese State", *World Politics*, Vol. 51 (3), 1999, pp. 413-445.

22. Harris, Paul G., "Considerations of Equity and International Environmental Institutions", *Environmental Politics*, 5, 2, Summer, 1996, pp. 274-301.

23. Hawkins, Darren, "Explaining Costly International Institutions: Persuasion and Enforceable Human Rights Norms", *International Studies Quarterly*, 48 (4), 2004, pp. 779-804.

24. Herrmann, Richard K., and Vaughn P. Shannon, "Defending International Norms: The Role of Obligation, Material Interest, and Perception in Decision Making", *International Organization*, 55(3), 2001, pp. 621-654.

25. Herrmann, Richard K., Philip E. Tetlock, and Penny S. Visser, "Mass Public Decisions to Go to War: A Cognitive-Interactionist Framework", *American Political Science Review*, 93(3), 1999, pp. 553-573.

26. Institute for Propaganda Analysis, "How to Deter Propaganda", *Propaganda Analysis* 1937, Vol.1, pp.1-4.

27. Jenson, Nathan M., "Democratic Governance and Multinational Corporations: Political Regimes and Inflows of Foreign Direct Investment", *International Organization*, 57(3), 2003, pp. 587-616.

28. Kotler, Philip, and Sidney J. Levy, "Broadening the Concept of Marketing", *Journal of Marketing*, Vol. 33, pp. 10-15.

29. Krebs, Ronald R., Patrick Thaddeus Jackson, "Twisting Tongues and Twisting Arms: The Power of Political Rhetoric", *European Journal of International Relations*, March, 2007, vol. 13, p. 39.

30. Leeds, Brett Ashley, "Domestic Political Institute, Credible Commitments, and International Cooperation", *American Journal of Political Science*, 43(4), 1999, pp. 979-1002.

31. Legro, Jeffrey W., "Which norms matter? Revisiting the 'failure' of internationalism", *International organization*, Vol. 51, No. 1, 1997, p.34.

32. Leventoglu, Bahar, and Tarar Ahmer, "Prenegotiation Public Commit-

ment in Domestic and International Bargaining", *American Political Science Review*, 99(3), 2005, pp. 419-433.

33. Lipsky, Michael, "Protest as a Political Resource", *American Political Science Review*, Vol. 62, pp. 1144-1158.

34. Manheim, Jarol B., "Rites of Passange: The 1988 Seoul Olympics as Public Diplomacy", *Political Research Quarterly*, Vol. 43, pp. 279-295.

35. Mansfield, Edward D., Helen V. Milner, and Peter B. Rosendorff, "Why Democracies Cooperate More: Electoral Control and International Trade Agreements", *International Organization*, 56(3), 2002, pp. 477-513.

36. Martin, Lisa L., "Credibility, Costs, and Institutions: Cooperation on Economic Sanctions", *World Politics*, 45(3), 1993, pp. 406-432.

37. Mccormick, John P., "Machiavellian Democracy: Controlling Elites with Ferocious Populism", *American Political Science Review*, Vol. 95, pp. 297-313.

38. McCright, Aaron M., and Riley E. Dunlap, "Challenging Global Warming as a Social Problem: An Analysis of the Conservative's Movements Counter-claims", *Social Problems*, Vol.47, 2000, p.510.

39. McCright, Aaron M., and Riley E. Dunlap, "Defeating Kyoto: The Conservative Movement's Impact on U.S. Climate Change Policy", *Social Problems*, Vol. 50, 2003, No. 3, p.349.

40. McGillivray, Fiona, and Smith Alastair, "Trust and Cooperation through Agent-Specific Punishments", *International Organization*, 54 (4), 2000, pp. 809-824.

41. Mckeown, Ryder, "Norm Regress: Revisionism and the Slow Death of the Torture Norm", *International Relation*, Vol. 23(1), 2009, pp. 5-25.

42. Meyer, John W., Francisco O. Ramirez, and Yasemin Soysal, "World Expansion of Mass Education, 1870-1980", *Sociology of Education*, Vol. 63, April, 1992, pp. 128-149.

43. Morrissey, Wayne A., and John R. Justus, "Global Climate Change", *CRS Issue Brief for Congress*, no. 89005, Washington, DC: Congressional Research Service, 1997.

44. Nadelmann, Ethan A., "Global Prohibition Regimes: The Evolution of Norms in International Society", *International Organization*, Vol. 44, Autumn, 1990, pp. 479-526.

45. Payne, Rodger A., "Persuasion, Frames and Norm Construction", *European Journal of International Relations*, Vol.7, No.1, 2001, pp. 37-61.

46. Price, Richard, "Reversing the Gun Sights: Transnational Civil Society Targets Land Mines", *International Organization*, 52 (3), 1998, pp. 613-644.

47. Price, Richard, "Transnational Civil Society and Advocacy in World Politics", *World Politics*, 55, 2003, pp. 579-606.

48. Ramsay, Kristopher W., "Politics at the Water's Edge: Crisis Bargaining and Electoral Competition", *Journal of Conflict Resolution*, 48 (4), 2004, pp. 459-486.

49. Risse-Kappen, Thomas, "Ideas Do Not Flow Freely: Transnational Coalitions, Domestic Structures, and the End of the Cold War", *International Organization*, Vol. 48, 1994, pp. 185-214.

50. Rutherford, Kenneth R., "The Evolving Arms Control Agenda: Implications of the Role of NGOs in Banning Antipersonnel Landmines", *World Politics*, 53(1), 2000, pp. 74-114.

51. Schultz, Kenneth A., "Do Democratic Institutions Constrain or Inform? Contrasting Two Institutional Perspectives on Democracy and War", *International Organization*, 53(2), 1999, pp. 233-266.

52. Schultz, Kenneth A., "Looking for Audience Costs", *Journal of Conflict Resolution*, 45(1), 2001, pp. 32-60.

53. Slantchev, Branislav L., "Politicians, the Media, and Domestic Audi-

ence Costs", *International Studies Quarterly*, 50(2), pp. 445-477.

54. Smith, Alastair, "International Crises and Domestic Politics", *American Political Science Review*, 92(3), 1998, pp. 623-638.

55. Smith, Alastair, "To Intervene or Not to Intervene: A Biased Decision", *Journal of Conflict Resolution*, 40(1), 1996, pp. 16-40.

56. Stopford, John, "Multinational Corporations", *Foreign Policy*, No. 113, Winter, 1998-1999, pp. 12-24.

57. Strang, David, and Patricia Mei Yin Chang, "The International Labor Organization and the Welfare State: Institutional Effects on National Welfare Spending, 1960-80", *International Organization*, Vol. 47, Spring, 1993, pp. 253-262.

58. Wapner, Paul, "Politics Beyond the State: Environmental Activism and World Civic Politics", *World Politics*, 47(3), 1995, pp. 311-340.

59. Weil, David, "Strategic Choice Framework for Union Decision-Making", *Working USA: The Journal of Labor and Society*, Vol. 8, pp. 327-347.

三、网站和数据库

1. 白宫(The White House): http://www.whitehouse.gov/.

2. 范德比尔特电视新闻档案(Vanderbilt Television News Archive): http://tvnews.vanderbilt.edu/.

3. 康涅狄格大学洛普民意研究中心(The Roper Center for Public Opinion Research, University of Connecticut): http://www.ropercenter.uconn.edu. proxy.library.emory.edu/data_access/ipoll/ipoll.html.

4. 美国国务院(U.S. Department of State): http://www.state.gov/.

5. 政府间气候变化专门委员会(IPCC): http://www.ipcc.ch/.

后　记

　　我们看不见所谓的时间，但是它在每个人身上做功，由此产生的改变宣告着其不可质疑的存在，这是时间在我们生命上的实践。但是光有时间的流逝，只会看见身体机能的变化。而此时，在本书完成的时刻，我用语句感恩，向每一位帮助、指导、关怀我的老师、同事、同学致谢，乃是为着他们是真正在时光流逝中改变了我的生命的人们，时间永远不会停住它前行的脚步，感谢这些丰富着我的生命之旅的人们，是他们让我能够在时间的脚步中勇敢地继续前行。谢谢！

　　特别要诚挚地感谢我的导师秦亚青教授，从我读博开始到毕业、工作，老师严谨的治学之道、宽厚仁慈的胸怀、诚挚待人的高贵品德，为我树立了一辈子学习的典范，他的教诲与鞭策将激励我今后在学术道路上进一步探索。感谢埃默里大学赛梅柯（Holli Semetko）教授，他是我在美国访学期间的指导教授，为我提供了搜集数据的宝贵资源。感谢华侨大学的同事们，他们在各自领域丰富的见识和踏实的研究态度，令我不断成长！

　　最后，谨以此书献给我挚爱的家人，他们在背后的默默支持是我前进的动力和最大的慰藉！

谢婷婷

2023 年 4 月